人に優しい ロボットのデザイン

「なんもしない」の心の科学

高橋英之 著

福村出版

推薦のことば

ロボットは常に人間社会を支え、人間社会を発展させてきた。

これまでは、工場の中で効率よく製品を製造するためのロボットや、屋外の危険な場所で人間に代わって作業するためのロボット等、人間の生活を陰で支えるためのロボットの開発が盛んに取り組まれていた。そうしたロボットの開発がかなり進んできた現代においては、ロボットには新たな社会的役割が期待されるようになってきている。それが、本書がその実現目標としている「あい」のあるロボットである。

ロボットが社会に物質的豊かさをもたらした現代において、ロボットは次に社会に精神的豊かさをもたらそうとしている。

人間は個人的に振る舞う一方で、社会的にも振る舞う。その社会性は個人が意識しない個人の行動を誘発し、それ故に、人間は時に自分で自分を制御できないジレンマを感じることがある。そうした問題の解決には、他人の存在が重要になるが、一方で複雑な人間は、必ずしも常に個人に最適な隣人になるわけではない。人間の他人に加え、時に人間の他人よりもそばに置いておきたくなるロボットは近い将来実現できる可能性がある。本書はそうしたロボットの実現を目指した果敢なチャレンジについて述べている。

コロナ禍で人と人との繋がりが疎遠になり、また人口が減少する日本の未来においては、このような人の社会の中に居ながら、人に安心感や「あい」を感じさせ、人を精神的に包み込むロボットや情報システムの存在は重要になる。

石黒 浩
大阪大学大学院基礎工学研究科教授（栄誉教授）
ＡＴＲ石黒浩特別研究所客員所長（ＡＴＲフェロー）

はじめに

あなたがそこに　ただいるだけで
その場の空気が　あかるくなる
あなたがそこに　ただいるだけで
みんなのこころが　やすらぐ
そんなあなたに　わたしもなりたい

相田みつを『ただいるだけで』（ＰＨＰ研究所、２０１６年）８〜９ページ。

何もせずにそこにいてくれるだけで、ありがたくて、安らぐ。非常にシンプルなようで、この詩で謳われるような存在と実際に出会うことはなかなか難しいです。

多くの場合、人間同士で交流している際に、「相手が何もしない」ということは稀であり、たいていの場合、相手は自分に対して何らかの働きかけを行ってきます。

そしてそのような他人の働きかけの背後には、何らかの意図や目的があることが多いです。表面上、どんなに素晴らしい相手からの働きかけであったとしても、その背後にある意図や目的を分解していくと、身も蓋もなくなることが世の中には多いです。

●●●

先日、知り合いの女性と一緒に外を歩いていたとき、なんとなく慣習的なマナーかなと車道側を歩いていたら、女性から「優しいですね」と言われたので、「これは優しさじゃないですよ、習慣づけされた機械的な行動です」と答えたところ、

女性「機械的だとありがたみがないですねぇ」
自分「では実はモテるために車道側を歩いていた方が優しい？」
女性「それはそれで嫌ですね」
自分「では、実際どうだったら優しいのであろうか……」
女性「いや、もうこの世界に優しさなんてないんだと、この会話から私は悟りました」

というやりとりが続きました。
また、知り合いのおじさんと某チェーンの居酒屋

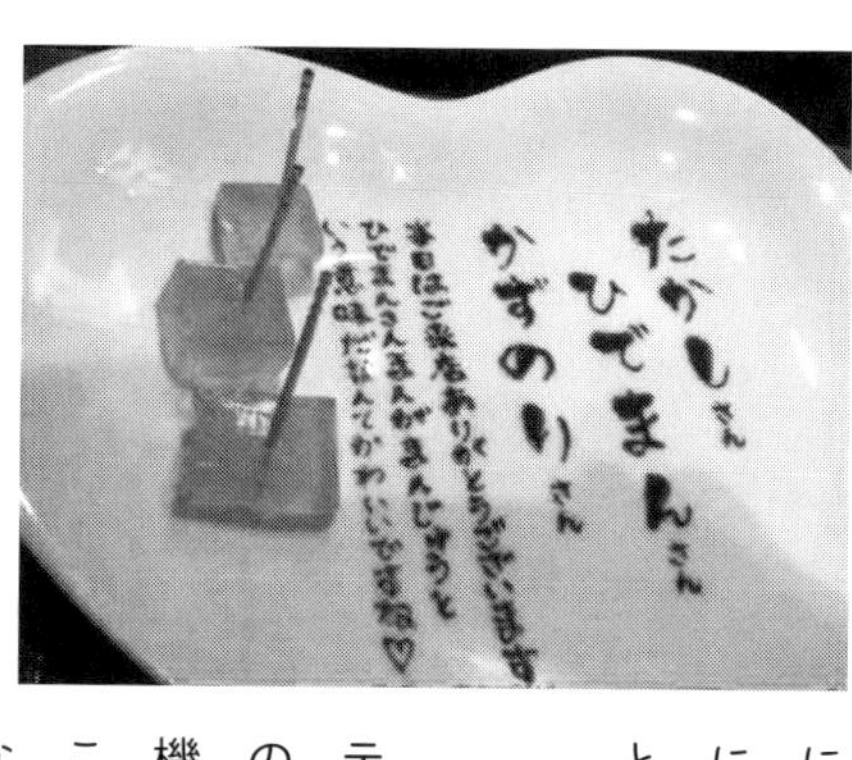

に行ったとき、接客をしてくれた店員さんが、食後に手書きのメッセージつきのデザートをサービスだと言って持ってきてくれました。

それを見た同行者のおじさん、

「一見、真心のサービスを装っているが、他のテーブルにも同じようなデザートが置いてある。このプレートを出すことは店の接客マニュアルの中に機械的に組み込まれているのだろう。もしかしたらこのメッセージも（実際に接客をした店員さんではなくて）厨房にいる店長が書いたのかもしれない。この店は欺瞞だ！」

と突然言い出しました。店員さんが、我々の立ち居振る舞いにその場で感銘を受けて、店のマニュアルを飛び越えて我々だけに特別なサービスをしないと、このおじさんは満足しなかったのでしょうか？

●●●

この二つの例は、他者が自分にしてくれた「優しいとされる行為」がマニュアル的であっても我々は満足しないし、一方で相手の背後に何らかの利己的な意図や目的が存在しても満足しないことを示しています。真に「優しい」行為をデザインすることは、実は非常に難しいのです。

●●●

私の研究テーマは「コミュニケーションロボット」です。特に『ドラえもん』や『スター・ウォーズ』に出てくるR2‐D2のような、ただ便利なだけではなく、人間の心を支える、元気づける、そんなロボットを開発できたらいいな、と思いながら日々研究しています。要は、人に「優しいロボット」を創りたいわけです。

一方で、真に優しいロボットを創ることは、先に紹介したような「優しい」行為をデザインする上での困難さを克服しないとなかなか難しいように思います。ロボットの設計者がデザインした「マニュアル的な優しさ」はユーザーにはしばしばあざとく受け取られてしまう一方で、開発者が何らかのデザインをしないことにはロボットは完成しないからです。

この矛盾を解決する方法はないものか、と自分が悩んでいたところ、文学を専門とする先生から、あなたがつくりたいロボットは「ロシアの神」ではないか？という話を伺いました。

●●●

ロシアは、今は一神教のキリスト教が国教になっていますが、昔のロシアには多神教の信仰が根づいており、様々な神様が大地に息づいていました。

オーストリアの著名な詩人であるリルケがロシアを旅した際に、行く先々の人々からこれらのロシアの土着の神の伝承を聞きました。リルケは、特にロシアの古の神々の「何もしない」姿勢に深い感銘を受けました。

スラヴ神話の太陽神「ダジボーグ」。（出所：https://en.wikipedia.org/wiki/ Dazhbog. By Max presnyakov, CC BY-SA 3.0）

一神教のキリスト教では、神様が人間の罪を許し、救済をするという、神様が人間に具体的な行為をすることが前提となっています。それに対し、ロシアの古の神々は、人々の暮らしの周りに存在しながら、特に「何もしない」のです。

リルケと親交があったザロメの著作の中に、リルケが感じたロシアの神の印象について下記のような記述があります。

> このロシアの神は、とくべつ巨大な主権者として威圧することもなく、またそのことによって、生に恐怖を抱くものの内奥の感情のなかで信じられる神となったのではない。その神は、すべてを妨げたり、あるいはもっとよいものにしたりすることはできないのだ。ロシアの神は、いつも私たちの身近にいることだけができるのである。

『ルー・ザロメ著作集4　ライナー・マリア・リルケ』（塚越敏・伊藤行雄訳、以文社、１９７３年）22ページ。

リルケは、ロシアの旅を通じて、身近にいるだけで、「何もしない」ロシアの神々のあり方こそが、実は人間にとって救いなのではないか、という考えに至りました。リルケは「何もしない」ロシアの神様達の何に魅せられたのでしょうか。

● ● ●

https://twitter.com/morimotoshoji

ロシアの神様の話を聞いたのち、「なぜ何もしないで傍にいることが真の救済なのか……」

そのような疑問に思いを巡らせていたところ、インターネットの代表的なソーシャルネットワークサービスであるツイッターで活躍する「レンタルなんもしない人」（以下「レンタルさん」）の存在を知りました。

レンタルさんは、人々の依頼に応じて、ただ「そこにいるだけ」を提供する人のことです。たとえば、「○○をしたいんだけど、一人だと厳しいので、レンタルさん来てください」みたいな形で依頼がなされます。

はじめは「変な人がいるもんだ」と他人事的に横目でチラチラ動向を見ていたのですが、次第にレンタルさんの存在は有名になり、マスコミでも取り上げられるようになると、なぜロシアの神様のように「なんもしない」だけのレンタルさんが現代においてこれほど注目を浴びるのか、とても不思議な気持ちがモクモク湧いてきました。

これは何か自分のコミュニケーションロボットの研究のヒントになるかもしれない、と思い、「一緒に研究している人達との集まりに同席してください」と、ツイッターのダイレクトメッセージを通じてレンタルさんに思い切って依頼してみました。

晴れて依頼を受諾してもらい、2019年の3月、東京の下北沢駅でレンタルさんと待ち合わせ合流後、みんなでカジュアルなイタリアンレストランに行き、「なんもしない」がポリシーのレンタルさんと楽しく人狼ゲーム（会話だけから誰が村人に擬態した人狼かを当てるパーティゲーム）で遊びました（当然、レンタルさんは人狼ゲーム中も「なんもしない」でおられました）。

そんなこんなで楽しい時間を過ごした後で、別れ際に私はレンタルさんに「あなたはロシアの神です」と言って、先に述べたリルケの著書を手渡しました。

そのときのレンタルさんのつぶやきは左のようなものです。

レンタルさんとの邂逅はとても楽しいものでしたが、結局、レンタルさんと会っても「なんもしない」がなぜ人間を救うのか、そのときはまったく分かりませんでした。

一方で、人間の世俗的な部分に共感もせず、ただそこに居るだけのレンタルさん

https://twitter.com/morimotoshoji/status/1104024702417174528

レンタルなんもしない人
@morimotoshoji

"何もしないロボット"の研究のために話を聞きにきた高橋英之先生から「レンタルなんもしない人さんはロシアの神です」と言われ、この本を渡された。ロシアの神は何もしないんだそうです。いよいよ怪しいサービスになってきた

hideyuki takahashi

午後11:22 · 2019年3月8日 · Twitter for iPhone

のありようは、自分が研究している、心を持たないコミュニケーションロボットにも通ずるところがあるようにも思いました。そして、

「もう少しレンタルさんについてじっくり考えてみることで、真に優しいロボットをつくることができるかもしれない」

そんなことを自分は考えるようになりました。

●●●

本書は、レンタルさんとの貴重な邂逅をきっかけに、自分が考えてきた「何もしない」ことの価値についての仮説を、自分が行ってきたコミュニケーションロボットの研究や、最新の心理学や脳科学の研究成果などを参照しながらまとめたものです。

私の研究テーマはコミュニケーションロボットですが、「何もしない」の話を掘り下げていくと、実は人間同士の関係においても、「何もしない」はこれからの時代、大事になってくるのではないか、そんなことを考えるようになりました。

インターネット網が張り巡らされ、他人と常にコミュニケーションを取り続けることが可能な現在において、あらためて「何もしない」他人の価値について考える。そんな思索の先には、今よりももっと穏やかに他人と暮らせる社会が待っているのではないか。私はそんなことを信じて、この本を書こうと思いました。

「私にとって『何もしない』存在は必要なのかな、いたらどんないいことがあるのかな」みたいなことを考えながら、少しでも本書を楽しんでいただけましたら、これ以上の幸せはありません。

目次

LAVATORY

第1章　なんもしない人の誕生

２０２０年、新型コロナウイルスの歴史的大流行により、世界の姿は一変しました。今まで、何の罪悪感も抱かずに、人々が自由に移動し、他者と交流し合っていた世界に、物理的な断絶が刻み込まれたのです。

感染拡大を抑制するために、「ステイホーム」の合言葉が掲げられ、他人と接触をなるべく減らす、交流しないことが推奨されました。このような自粛生活は人々のライフスタイルを一変させ、対面で人と話したり交流したりする機会が大きく減ることになりました。強力なワクチンの登場などでコロナ禍に出口が見えてきた状況であっても、他者と対面で交流することの罪悪感や不安は依然として消えていません。

一方で、インターネットを介したオンラインのビデオ通話などのコミュニケーションツールを用いた新しい他者との交流の形が自粛生活をきっかけに社会に広がりました。どんな状況でも、人類は他者とのつながりを求めてやまない生き物なのです。

心理学者ロバート・ウォールディンガーによると、ハーバード大学が75年にわたって７００人以上の人々を対象として実施した継続調査の結果、人間の幸せに関連する要因は富や名声よりも、他の人間との結びつき（関係性）の強さにあるとのことです。

Waldinger, R. (2015). What makes a good life. Lessons from the longest study on happiness. https://www.ted.com/talks/robert_waldinger_what_makes_a_good_life_lessons_from_the_longest_study_on_happiness#t-754931

一方で、ウォールディンガー氏によると、単純に他者との関係性の数が多いことには意味がなく、どのような関係性を他者と結んでいるのかの「質」の部分こそが、人生の幸せに寄与している、ということです。たとえ大勢の家族や友達に囲まれている人であっても、この「質」の部分が担保されていなければ、孤独を感じることになります。

しかし数値にできない他者との関係性の「質」というものを意識しながら生きていくことは簡単ではありません。社会の中で、常に孤独を感じずに暮らしていくことは至難の業と言えます。

従って、昔から孤独を癒すビジネスには一定の需要があります。孤独を癒すビジネスとして、古くからある風俗業（キャバクラ、ホストクラブなど）に加えて、最近では疑似恋愛を楽しむレンタル彼氏、彼女など、時代のニーズや空気に合わせた様々なサービスが登場しています。

このようなサービスに共通する点として、「対価を払うことで自分とは異なる他者に傍に居てもらう」という点が挙げられます。

他者に傍に居てもらうサービスが乱立する中、近年、ソーシャルネットワークサービス（SNS）のツイッターをきっかけにブレイクし、ちょっとした社会現象になったのが、「レンタルなんもしない人」（レンタルさん）です。

●●●

次のツイッターのつぶやきは、レンタルさんが初めて自らの存在を世の中に発信したものです。

固定されたツイート
レンタルなんもしない人
@morimotoshoji

『レンタルなんもしない人』というサービスを始めます。1人で入りにくい店、ゲームの人数あわせ、花見の場所とりなど、ただ1人分の人間の存在だけが必要なシーンでご利用ください。
国分寺駅からの交通費と飲食代だけ（かかれば）もらいます。ごく簡単なうけこたえ以外なんもできかねます。

午後2:20・2018年6月3日・Twitter for iPhone

https://twitter.com/morimotoshoji/status/1003144421691424773

これまでも、他人をレンタルする職業は数多（あまた）のようにありました。引っ越しを手伝う、トイレの故障を直す、などの実務的な役割から、恋人や友達のふりをするなど社会的な役割まで、他人のレンタルに求められる役割は様々です。

しかしそれらのサービスに共通することとして、レンタルした人には何らかの具体的な役割（なんかすること）が求められていました。

一方で、30代長身で細身の男性であるレンタルさんは、どのような役割も担いません。ツイッター経由で待ち合わせ日時と場所を決め、そこで合流してから解散するまでの間、特に自ら言葉も発したりせず、ただ依頼者の傍で携帯を黙々といじっていたりします。

「なんで何もしない人をわざわざ依頼するのか!?」というのは当然の疑問だと思いますが、不思議や不思議、レンタルさんがツイッターに登場してからしばらくすると噂が噂を呼び、大勢の人がレンタルさんを利用しました。

何もしないレンタルさんをなぜ人々は求めたのでしょうか？　ここでいくつか、レンタルさんがレンタルされた具体的なケースをみていってみましょう。

https://twitter.com/morimotoshoji/status/1437777317754023956

レンタルなんもしない人
@morimotoshoji

「パラリンピックのボランティアをした話をきいてほしい」という依頼。とても良い経験だったが自慢話も多く自粛期間なこともあり周りに話しづらいらしい。憧れの選手と言葉を交わした話や憧れの選手の荷物をおあずかりした話などを興奮気味に話してた。あと橋本聖子さんめちゃくちゃ良い人だったらしい

https://twitter.com/morimotoshoji/status/1436883689305083911

レンタルなんもしない人
@morimotoshoji

離婚届の提出に同行してほしいとの依頼。提出を終えたあとは、元夫が家を出てからの大変な日々の話を聞き、節目のピアスをあけるのを見届けた。1人だと気が滅入ってたと思うけど人をレンタルしたことで話のネタにできそうと喜んでた。最後は「このテビチ私が描いたんです」とTシャツの自慢とかもしてた

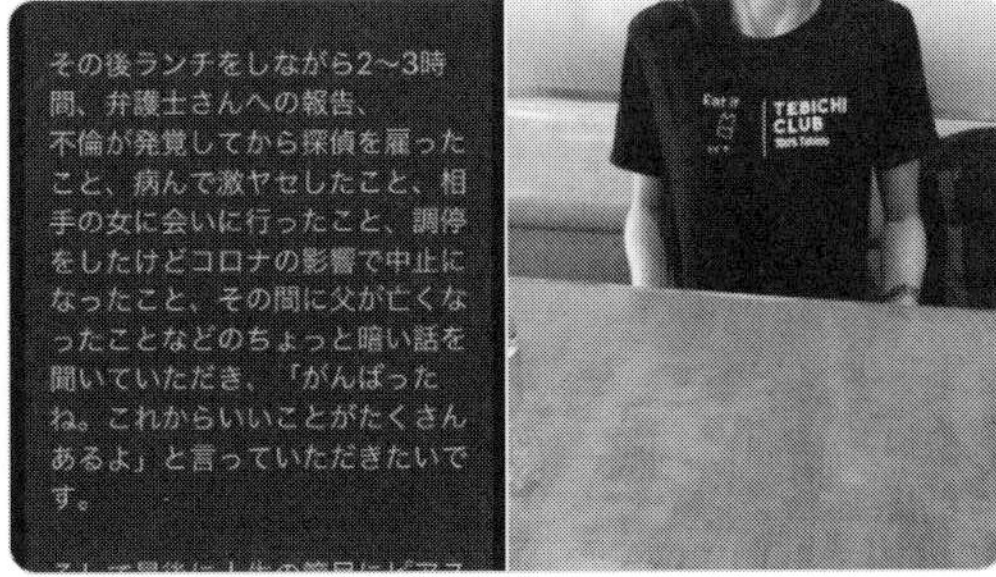

https://twitter.com/morimotoshoji/status/1272403670198444032

以上見てきたように、レンタルさんをレンタルする目的は、人によって千差万別であることが分かります。

一番オーソドックスな用途としては、一人では行きにくい場所（おしゃれなレストランや遊園地など）に同行を頼む、というのがあります。

こんなお洒落な場所に一人でいると周囲から奇異の目で見られるのではないか、

という恐れがあり、行きたい場所があっても同行者がいないために行けないことが多々あります。そういうときに、レンタルさんのように一緒にいてくれる人がいてくれると大変ありがたい、ということになります。ただ、このような周囲の目を気にした「数合わせ」目的であれば、レンタル彼氏・彼女やレンタル友達でも良いわけです。

よりレンタルさん特有の用途として、何か新しいことをチャレンジするから傍に居て欲しい、別れた恋人と決別するために傍に居て欲しい、など、人生の大きな決断や自己表現をするときに傍に居て欲しいというものもあります。

何かをやってみたいのだけど、どうしても一人だと勇気が湧かない。そんなときにレンタルさんをレンタルして、「誰か」が傍にいる状態にすることにより、新しいことに挑戦したり、過去に決別したりする、というわけです。

2018年にツイッターの片隅に突如出現したレンタルさん。謎なサービスにもかかわらず多くの依頼者が集まったこともあり、瞬く間にマスコミでも話題になり、テレビ番組でも取り上げられ、連載漫画や連続ドラマなどのメディアミックスの展開もなされました。私のところにも某テレビ局さんから、レンタルさん現象に対するコメンテーターとして番組に出演しないか、という依頼がきたことがあります。

具体的な用途が不明なレンタルさんという存在が、なぜ平成から令和に移り変わるこの時期に注目を浴びたのか、その理由は謎のまま、レンタルさんの知名度は日増しにどんどん拡大していきました。

レンタルさんを扱った漫画やドラマを見てみるに、どうもハートウォーミングな話としてレンタルさんと依頼者の物語が描かれることが多い印象を受けました。例えば、自分の殻を破ろうとする人を、横でそっと優しく見守るレンタルさん、という構図です。

しかしよくよく考えてみたら、優しい人に傍に居て欲しいのであれば、何もレンタルさんに依頼する必要はないわけです。優しく元気づけてくれるカリスマホストやレンタル彼女に頼んで、応援してもらえばいいわけです。

https://twitter.com/morimotoshoji/status/1426812989580005378

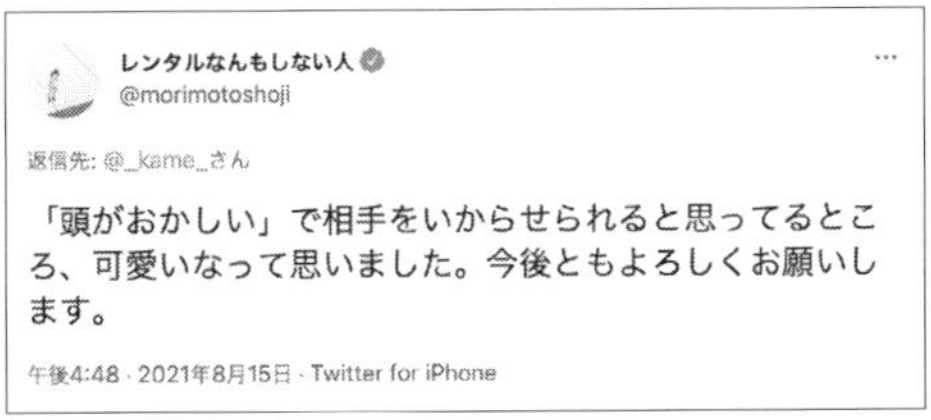

レンタルなんもしない人
@morimotoshoji

返信先: @_kame_さん

「頭がおかしい」で相手をいから せられると思ってるところ、可愛いなって思いました。今後ともよろしくお願いします。

午後4:48 · 2021年8月15日 · Twitter for iPhone

さらに実際のレンタルさんは決して優しくありません。右記のツイートのように、人を煽るようなつぶやきを多数しています。このようなレンタルさんの荒ぶる姿にショックを受けて、ファンをやめる人も多いようです。

このように煽ってくる態度をとる存在が傍にいるくらいなら、お店が決めたマニュアルに従ってきちんと丁寧な態度をとるレンタル恋人やレンタル友達の方が、よほど表面的にはこちらが喜ぶ振る舞いをしてくれそうです。

私も「はじめに」に書いたように、実際にレンタルさんをレンタルしたことがありますが、ただ淡々と携帯をいじりながらその場にいるだけで、特別レンタルさんから優しさがにじみ出ているとか、包容力があるとか、そのような印象は抱きませんでした。真に他者が傍に存在する事実だけをピュアに提供する存在、それこそがレンタルさんなのです。

●●●

せっかく一緒にいてくれるのであれば、楽しませてくれる、笑わせてくれる、癒してくれる、そういう存在に傍にいてもらえた方が単純に考えるとありがたそうですが、実はそんなに単純な話ではなかったのだ、そういう事実が世間に広まったことが、レンタルさんブームの大きな意義ではないかと私は考えています。

人々はレンタルさんの存在によって何を得ているのか、それを探求していくことは世の中のコミュニケーションのありようにコペルニクス的転換をもたらすのではないか、私はそう信じています。

まず次の章では、そもそも人が傍にいる、ということがどういうことなのか、心理学や脳科学、ロボット学などの知見を交えながら掘り下げていきたいと思います。

第2章　他者の存在を感じる心の仕組み

「他人が傍にいる」とは、どういうことなのでしょうか？

私たちの心や行動は他人の存在で大きく変わります。部屋に一人でいるときは平気で鼻糞をほじったり、オナラをしたりしますが、同じ部屋に友達がいるときはもう少しきちんとしようと思うものです。一人で過ごす時間が欲しいとは、どんな人であってもしばしば感じるものですが、他人がずっと傍にいない状態は、多くの場合はしんどいものです。

ＳＦ映画『パッセンジャー』の主人公は、惑星間航行中の宇宙船の中で人工冬眠装置の故障により一人だけ想定外のタイミングで起きてしまい、それから孤独に宇宙船の中で生活するはめに陥ります。独りぼっちでの宇宙船生活。最初こそ、髭をそったり、服をきちんと着たりしていた主人公ですが、だんだんと服を着なくなり、髭も髪も伸ばし放題になります。

人が人らしく暮らす、ということは他者の存在を傍に感じて、初めて成り立つのかもしれません。

『パッセンジャー』
2016年公開のアメリカ映画。モルテン・ティルドゥム監督、ジェニファー・ローレンス、クリス・プラット主演。

一方で、他人が傍にいれば孤独ではないかというと、必ずしもそうではありません。

たとえば、知らない人ばかりの懇親会に行かなきゃいけないとき、周りに多くの見知らぬ人がいればいるほど、強い恐れと孤独を感じます。人見知りな自分がそういう境遇に置かれたときは、部屋の片隅で縮こまって座り、いそいそと美味しそうな料理だけを貪り、そのままそそくさと誰も知らないうちに会場から退散します。

一方で、まったく知り合いがいないと思っていた懇親会で、たまたま気心が知れた知り合いに出会ったときの、心の中に注ぎ込まれる温かな安堵感はなんとも言えないものがあります。他人がただ傍にいるだけでは孤独は癒されず、その他人と何らかの関係性が結ばれていることが大事なのです。

● ● ●

では、他人が傍にいることや、その他人との関係性は、我々の心にどのような影響を与えるのでしょうか？　これまで心理学や脳科学の領域において、他人が傍にいることの影響について様々な研究がなされてきました。

たとえば他人が傍にいる心理的な効果を調べた有名な研究として、「社会的促進」というものがあります。

社会的促進とは、何か単純作業をするときに横に人がいるだけで、作業の速度や

Zajonc, R. B. (1965). Social Facilitation: A solution is suggested for an old unresolved social psychological problem. *Science, 149*(3681), 269-274.

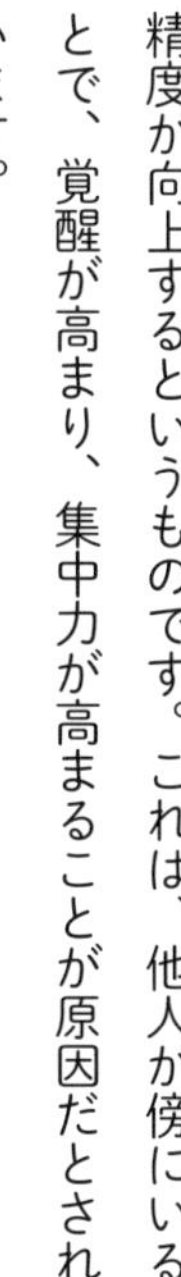

精度が向上するというものです。これは、他人が傍にいることで、覚醒が高まり、集中力が高まることが原因だとされています。

このような社会的促進の影響は、傍にいる人が知り合いであるかどうかなどは関係なく、「他人がそこにいる」という事実が大事だと言われています。社会的促進は、他人が傍にいることで自分の覚醒が上がり、それに伴い行動が変化する、という原始的なメカニズムによって生じる現象だと考えられており、ヒト以外の動物においても生じることがしばしば報告されます。

たとえば、真偽については様々な議論がありますが、ゴキブリは、周りに他のゴキブリがいるときの方が覚醒が上がり、素早く移動する、という研究もあります。一方、社会的促進は多くの場合、覚醒が上がる（興奮状態になる）ことで成績が向上するような簡単な課題においてのみ生じることも知られており、落ち着いて熟考しなくてはいけないような難しい課題においては、むしろ他者の存在は課題の成績を下げてしまうことも知られています。

●●●

社会的促進と同じように、人以外の動物においても類似の現象が報告されている他人が傍にいることで生じる現象として、行動の伝染があります。

たとえば傍にいる人があくびをすると、自分もついついあくびをしてしまう経験はないでしょうか？　このようなあくびの伝染は、チンパンジーなどでもみられることが観察されています。

このように、傍にいる存在の行動が自然と伝播してくることは、「ミラーリング」と言われます。諸説ありますが、親近感を感じている他者の場合はミラーリングが強まるとか、逆に相手の動きをミラーリングすることによって、相手との親密性が増す、という報告もあります。

ミラーリングに類似の概念として、「情動伝染」という現象もあります。たとえば、傍にいる人が苦しんでいると、自分も苦しくなってくる、逆に相手が喜んでいると、自分も嬉しくなる、といったように、傍にいる人の情動が自分に伝播してくることがしばしばあります。このような他人からの情動の伝播を情動伝染と言います。

ミラーリングや情動伝染は、群れの結束を強めたり、文化を他の個体に広める上で重要な役割を担っていたりすると考えられています。

また他人が傍にいることにより生じる心理効果として、他人からの評判を気にした行動をとるようになる、ということがあります。

たとえば、このような心理学実験があります。実験の参加者さんは、様々な慈善団体などに寄付するのかどうか、寄付するならどれくらいの金額を寄付するのか決めるように促されます。このとき実験のシチュエーションとして、参加者さんが寄付先と寄付額を決めている風景を傍観者として見ている他者が傍にいる場合と、他者が見ておらず参加者さん一人きりの場合で、協力者さんの寄付行動がどのように変化するのか比較しました。

Izuma, K., Saito, D. N., & Sadato, N. (2010). Processing of the incentive for social approval in the ventral striatum during charitable donation. *Journal of cognitive neuroscience, 22*(4), 621-631.

その結果、他者が自分を見ている状況の方が、見ていない状況よりも、参加者さんは多くの寄付をした、という結果が得られました。これは何らかの利他的な（他人のためになる）行動をすることのモチベーションの一つとして、他人からの評判が上がることを期待する側面もあることを示しています。

さらに他人が傍にいる効果として、以下のような面白い実験があります。

実験への参加者さんに、自分の性格についてのアンケートを回答してもらいます。ここで二つの選択肢が参加者さんに用意されます。一つは自分が回答するアンケートの結果について誰も見ない選択肢、もう一つは自分がアンケートに回答する風景を他人が観察する選択肢です。この実験の参加者さんには当然、研究への協力の対価として謝金が払われるのですが、どちらの選択肢を選ぶかに応じて、参加者さん

Tamir, D. I., & Mitchell, J. P. (2012). Disclosing information about the self is intrinsically rewarding. *Proceedings of the National Academy of Sciences, 109*(21), 8038-8043.

に支払われる謝金額が変動します。

単純に考えたら、協力者さんとしては、ボランティアで研究に協力しているわけなので、謝金額が多い選択肢を選びそうなものです。しかしこの実験の結果は興味深いものでした。多くの実験への参加者さんは多少自分に支払われる謝金額が減ったとしても、自分のアンケート回答が他人に見られる選択肢を選ぶのです。

これは、自分という人間について、我々は他人に開示したい、知ってもらいたい、という欲求が心の中に存在しており、それは時として金銭の価値を上回るパワーを持っていることを示唆しています。

●●●

これまで述べてきた「他人が傍にいること」の効果は、個人にとって良いことなのか、悪いことなのか、簡単には判断がつきにくいものでした。しかし他人が傍にいることで、よりシンプルにポジティブな効果が生じることもあります。

その一つとして、「他者と痛みを分け合う」というものがあります。ある苦痛を一人で受けている場合と、同じ苦痛を他人と一緒に受けている場合では、後者の方が精神的な苦痛が和らぐ、という研究があります。このような現象は、人間以外の動物、たとえばラットなどにも見られるものです。

大きな自然災害などが生じたとき、私たちは互いに寄り添い合うことでその危機を乗り越えようとしています。これは人々の間で苦しみを分け合うことによって、個人が背負う精神的苦痛を弱めているのだと思います。

また逆に、他人と一緒にある経験をすることで、一人で経験するよりも喜びが倍増する、という現象もあります。たとえば、食事を一人でしているときよりも、誰かと食事をしているときの方が、喜びが大きくなるという研究も存在します。

誰かが傍にいるということは、悲しみを和らげ、喜びを増やすという、とてもポジティブな効果があるのです。

●●●

また他人が傍にいることの前向きな効果として、その人ががむしゃらに頑張る姿から影響を受けて、自分も元気を貰った、とか、頑張ろうと思う、という感情が生じることがあります。

2020年、『鬼滅の刃』の劇場アニメが記録的な大ヒットとなりました。この映画の人気の秘密はいろいろあると思いますが、一つの理由として、主人公の竈門炭治郎が、家族を鬼に惨殺されるという逆境にもめげずに、がむしゃらに頑張る姿勢に多くの人々が元気づけられたからである、という解釈があります。

この真偽はともかく、古今東西に存在する様々な人気の物語において、やすやすと目的を達成した主人公はほとんどおらず、多くの主人公は様々な困難に苦しめられながらも、諦めずに頑張ることで、その物語に触れた多くの人達に元気を配ってきました。

このような他人が頑張る姿勢に共鳴する心は、どうやら赤ちゃんの頃から備わっていることが、次のような最近の研究で分かってきました。

この研究では、なかなか目的を達成できないのに頑張り続けている大人を見ている赤ちゃんと、やすやすとその課題を達成している大人を見た赤ちゃんそれぞれが、その後になかなかうまく動かないおもちゃを動かそうと、どれだけ頑張るのかを調べました。その結果、なかなかうまくいかないけど頑張り続ける大人を見た赤ちゃんの方が、やすやすと課題を解決する大人を見た赤ちゃんよりも、その後でおもちゃを動かそうと長い時間奮闘することが分かりました。頑張る他人の姿というのは、時として我々自身の頑張る力を引き出すのかもしれません。

Leonard, J. A., Lee, Y., & Schulz, L. E. (2017). Infants make more attempts to achieve a goal when they see adults persist. *Science, 357*(6357), 1290-1294.

●●●

以上、他人が傍にいることが、我々の心理や行動に及ぼす影響について簡単に概説してきました。ここまで述べてきたように、他人が傍にいるということは、様々な心理的な効果を我々に及ぼします。

我々の心の働きの背後には脳の働きがあります。では他人が傍にいるときに、我々の脳はどのように働いているのでしょうか？

近年、何か作業をしているとき、人間の脳がどのように働いているのか、それを計測する様々な装置が開発されています。たとえば病院などに設置されているMRIの撮像装置を用いた機能的磁気共鳴画像法（fMRI）では、脳部位の活動が高まることに伴う血流の増大を磁気で捉えることで、脳の働きを計測できます。このような装置を用いることで、他人が傍にいるときと、他人が傍にいないときで脳の働きの違いを調べることができます。

このような脳を計測する様々な手法を用いた実験により、他人が傍にいることで、我々の脳は他人が傍にいないときとはまったく異なる脳の働きを示すことが分かってきました。さらに興味深いことに、他人が傍にいるというだけで、かなり広範囲の領域において様々な状況で共通した脳の活動が計測されました。

このような脳の働きを研究する知見から、我々の脳にとっても他人が傍にいるかどうかは特別なことであり、その働きを大きく変える重要なファクターであることが分かります。

●●●

興味深いことに、このような「他人が傍にいる」という効果は、実際に他人が物理的にそこにいるかどうかは関係ないことも脳の計測から分かってきました。

たとえば、じゃんけんのような対戦ゲームをネットワークの向こう側の人間相手

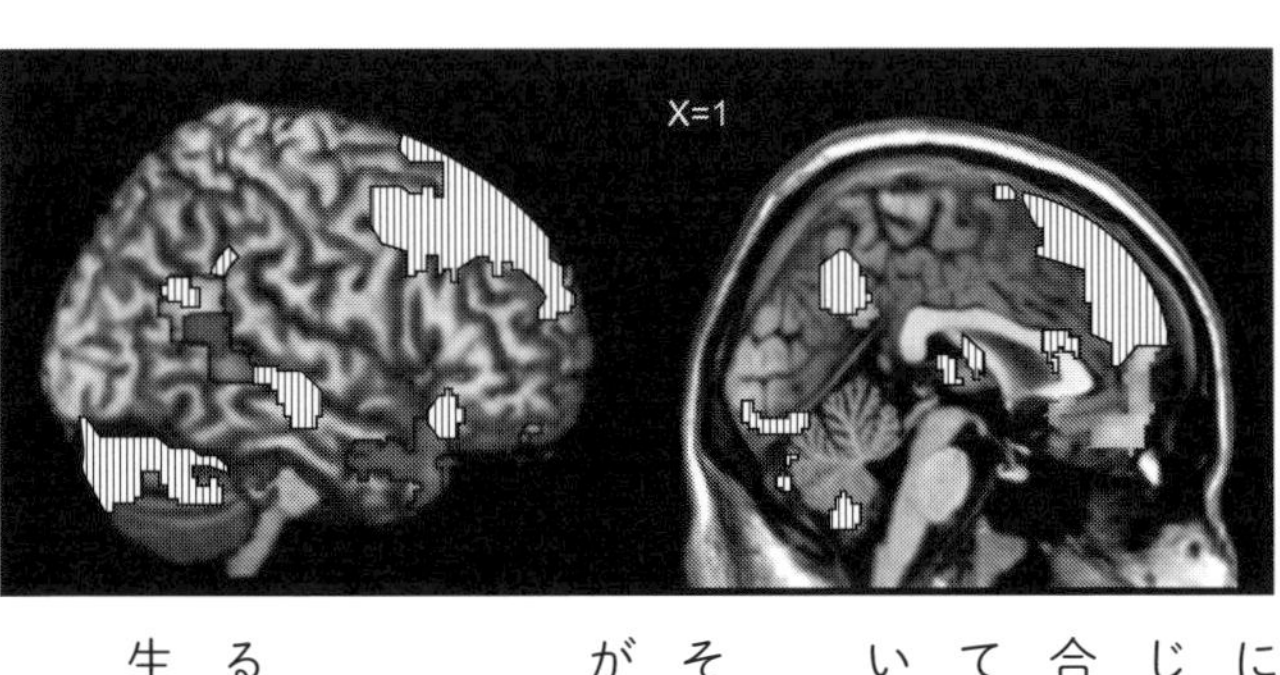

Takahashi, H., Izuma, K., Matsumoto, M., Matsumoto, K., & Omori, T. (2015). The anterior insula tracks behavioral entropy during an interpersonal competitive game. *PloS one, 10*(6), e0123329.

ゲームの相手が人間だと信じることで活動が高まる脳領域。

にやっていると信じている場合と、実際にはまったく同じ課題をコンピュータ相手にやっていると信じている場合で、実際には同じコンピュータを相手にゲームを行っていても、人間相手だと信じるだけで、脳は他人が傍にいるかのような反応を示すことが分かってきました。

このことは、他人が傍にいるということは、物理的にそこに他者がいることが大事なのではなく、そこに他者がいると信じることが大事なことを示しています。

● ● ●

「他者が実際に傍にいるかどうかよりも、それを信じることが大事」という脳の性質は、様々な仮想の隣人を生み出すことにつながります。

たとえば、幼稚園くらいの子供は、しばしば「イマジナリーフレンド」と言われる空想の友達を心の中に作り出すことが知られています。周りから見えない自分だけの空想の友達は、子供の中には確かに存在しており、子供の心を支える存在となるそうです。

このような空想の友達は、たとえば、妹や弟ができたお姉ちゃん、お兄ちゃんがしばしば心の中に作り出しやすい、という研究もあります。これは養育者が妹や弟の世話に時間を割かれることにより生じた、長子の養育者ロスの孤独感を補うために、絶対の味方で居てくれる空想のお友達が生み出されたと解釈できるかもしれません。

一方で、イマジナリーフレンドの研究では、このような空想の友達は、子供が周囲の関心を引くためにそのように言っているだけで、他者が本当にそこにいるとは子供は信じていないのではないか、そういう疑問についてしばしば議論されています。

このような疑問を解決するために、京都大学の森口佑介先生を中心とする研究グループは、子供が空想の友達を想像しているときの視線の動きを計測したところ、見えない存在を本当に見ているかのような視線の動きを子供が示すことを確かめました。

Moriguchi, Y., Kanakogi, Y., Okumura, Y., Shinohara, I., Itakura, S., & Shimojo, S. (2019). Imaginary agents exist perceptually for children but not for adults. *Palgrave Communications, 5*(1), 1-9.

周りからはまったく見えていない空想の友達であっても、実際に子供にはそこに「見えている」のかもしれない、そう思うと不思議な気持ちになります。

このようなイマジナリーフレンドは、幼稚園に通うくらいの子供においてしばしば報告されるのですが、年を重ねるに従って次第に消えていくことが多いです。これは自分だけにしか見えない空想の友達というものを、「みんなから見えるもの」が評価されやすい大人の社会の中で信じ続けることが困難なためなのかもしれません。

特に人間の精神の自立が尊ばれる西洋社会では、いつまでも人ではないものに心を感じることは幼いとされてしまう傾向が強いようです。

●●●

一方で、大人になっても、ある種の極限状態においては、このようなイマジナリーフレンドをつくることはあり得ます。

映画の話になりますが、トム・ハンクス主演の無人島サバイバル映画『キャスト・アウェイ』において、無人島に一人漂着した主人公は、一緒に流れ着いたバレーボールに血で顔を描き、それに「ウイルソン」と名づけ、まるで友達のようにボールと共に生活をしました。主人公はバレーボールに話しかけることで何とか正気を保ちながら無人島生活を送ったのです。

これはあくまでもフィクションの話ですが、実際の研究で、孤独感が強い大人ほど、モノを擬人化（人間のように扱う）する傾向が強いことが示されています。空想の友達をつくる脳のメカニズムは、大人になっても決して消えてはいないことが分かります。

トム・ハンクスのように極限状態に追い詰められていなくても、常にしがらみなく他人が自分の傍にいてくれる、孤独を感じない状態である、ということは大人でもなかなか貴重な状態なのかもしれません。

『キャスト・アウェイ』
2000年公開のアメリカ映画。ロバート・ゼメキス監督、トム・ハンクス主演。

藤子・F・不二雄『ドラえもん』第16巻（小学館、1978年）164ページ。

『ドラえもん』のエピソードの中で、のび太の父親がタイムマシンで母親（のび太の祖母）と出会う感動的な話があります。その中で、ドラえもんとのび太の上のような会話がとても印象的です。

社会では、大人になると自立することを求められるようになり、何のしがらみもなく誰かに甘えたり、寄りかかったりする機会が減ってしまいます。しかし人間、どのように年を重ねて、成長しても、心のどこかにしがらみなく誰かに傍にいてもらいたい欲求はあるのではないしょうか？

レンタルさんをレンタルする大人たちも、この「しがらみなく誰かに傍にいてもらいたい」、そういう欲求を持っているのかもしれません。

では、レンタルさんは具体的に人間のどのような欲求を満たしているのでしょうか？　どのようなニーズが現代社会に存在するのか、次の章ではその点について掘り下げていきたいと思います。

第3章　「何かする他者」がもたらす不自由、「何もしない他者」がもたらす自由

「他人と交流することは楽しいですか?」

このように質問されて、みなさんはどのように答えるでしょうか?

気心の知れた友達と喋ったり、一緒に旅行に行ったりすることはとても楽しいことだと思います。一方で、ストレスの原因の上位には、いつも他人との人間関係があります。

学校や職場での確執、失恋など、人間関係に伴う苦悩は人類の悩みの中でかなりのウェイトを占めています。この本を読んでくださっている方の中にも、人と交流するのがとにかく大好きな人から、やりたいことを一人でやっている方が気軽で楽しいよ、という方まで千差万別なのではないでしょうか?

個人がどれだけ他人との交流に重点を置くのかは当然その本人の自由ですが、同時にこの世界には、人と交流していることが善である、そのようなうっすらとした通念が漂っているようにも思えます。

「リア充(リアルの人生が充実している)」という俗語がありますが、多くの場合、

多くの友達がいるとか、素敵な恋人がいる、といった人間関係の充実がその基準とされ、たとえば昆虫が大好きで、いつも昆虫採集に没頭しているといったような、個人に閉じた楽しみが充実している人はなかなか「リア充」とは今の時代では呼ばれないようです。

●●●

「人間関係」の充実が「善」であるとされる理由は、人間が非常に社会的な動物であることに起因します。人間は、他の動物には見られない複雑な社会を形成し、協力し合うことによって、安全や多くの便益を得ることができます。

人間である以上、何らかの形で社会に属さないと生きていくことはできません。その中で多様な人間関係を有している人は、様々なアドバンテージを社会の中で得ることができます。「人間関係」の充実がこの世界での幸せの一つの指標になるという話も、ある側面では納得がいきます。

一方で、広く浅く友達が一〇〇人いる人と、本当に善い友人が一人いる人、どちらが幸せなのかを単純に比べることはできません。第1章で紹介したハーバード大学の調査が示したように、個人の幸せにおいて確かに人間関係は重要な意味を持っているのですが、同時にその量よりも、質が大事だとデータでは示されています。

しかし最初にも述べたように、「質」というものはなかなか数字で測ることはできませんし、それを自分で客観的に評価することも、他人にその実在を証明することも簡単ではありません。「俺と彼女の関係は唯一無二だ！　運命の関係で結ばれている！」と自分と恋人との関係性の「質」の素晴らしさを高らかに語っていた人が、その直後に運命の恋人とあっさり破局することは珍しいことではありません。

だからこそ、我々の社会では、自分だけが感じられる質の部分ではなく、具体的な友達の数や、そのステータスなど、「目に見える基準」によって人間関係を誇示したり、比較したりすることが多くなるのかもしれません。

今の世の中、ツイッターやフェイスブック、インスタグラムなどのソーシャルメディアにおいて、いかに自分が恵まれた人間関係の中にいるのか、お洒落な写真や、素敵なエピソードを交えて宣伝合戦が行われています。他人と比較する、他人に認めてもらうことではじめて、自分が幸せなんだ、恵まれているんだ、と人間は実感できるのかもしれません。

●●●

以上のように、他人と関わることの価値とは、「目に見える（他人と共有できる）基準」によるものと、「目に見えない（自分だけにしか分からない）基準」によるものがありますが、社会においては「目に見える基準」が重視されることが多いです。「目に見える基準」にもとづく人間関係は、多くの場合、「家族」「恋人」「親友」

のような名前で表現されます。このように人間関係に名前をつけることによって、その実在が社会の中で宣言され、その関係を長く持続させることが可能になります。しかしこのような言葉に囚われてしまうことは、同時に「目に見えない基準」に対して盲目にしてしまうことにつながると私は考えます。

心理学において報告されている現象として、「アンダーマイニング効果」というものがあります。アンダーマイニング効果とは、何らかの仕事をする際に、自分が行っている仕事の成績などを「目に見える指標」で評価されることによって、仕事に対する内なるモチベーションが弱まってしまう、というものです。

たとえば、趣味的に楽しく取り組んでいたイラスト制作が、その出来によって成果報酬が貰えるようになったとたん、報酬狙いでイラストを描くようになり、イラスト描き自体が急につまらなくなる、みたいなことがしばしば起こります。

私は、このようなアンダーマイニング効果は人間関係においても生じると思っています。「目に見える基準」ばかりで他人と交流をしていたら、だんだんと「目に見えない自分だけの基準」というものに盲目になってくるのではないでしょうか？

●●●

私は研究者という職業柄、いろいろなところで講演をすることがあります。その際、いつも講演の冒頭で聴衆のみなさんに次のような質問を訊ねます。

「ここにあなたに愛の告白をする二人の人がいます。一人目はあなたにこう言います。『私は理由が分からないけどあなたのことが好きです』。それに対して、もう一人はこう言います。『私はあなたの太陽みたいな笑顔が好きです』。さてみなさんは、どちらの告白に真心を感じますか？」

さてさて、この本を読んでくださっているみなさんは、どちらの告白に真心を感じるでしょうか？　次を読み進める前に、少し頭の中で考えてもらえると嬉しいです。

●●●

頭の中でご自身の答えを用意されたでしょうか？　では、この質問をした意図を説明していきたいと思います。

この二つの告白の違いとして、前者の告白は「理由が分からないけど」と本人が述べているように明確な理由がない「目に見えない基準」にもとづくのに対して、後者の告白は「太陽みたいな笑顔が好き」という「目に見える基準」にもとづいたものであることが挙げられます。

この質問をした狙いは、私の研究テーマであるロボットは、多くの場合、その開発者が設定した「見える基準」に従ってしか振る舞えず、「見えない基準」によって動くことはなかなかない、だから前者のような告白を今のロボットにさせることはとても難しいんだよ〜、という講演の前振りをすることにありました。

さてこの質問に対して、みなさんはどのような回答をしたでしょうか？

以前、愛媛・松山の高校生達の前で研究の講演をさせていただく機会をいただきまして、先の質問を高校生のみなさんにしたところ、高校生の大多数が前者、すなわち「目に見えない基準」に真心を感じると答えました。理由が明確でない想い、それこそが愛なのだ、と若い高校生のみなさんは純粋に信じているんだなぁ、と妙に感銘を受けました。

もちろん後者に真心を感じると答えた高校生も一定数いまして、その意見を聞いてみたところ、「私は自分に自信がないので、理由もなく自分が愛されていると不安になる。だから自分のことを好きでいてくれる理由を述べてもらえた方が安心する」という回答が返ってきました。理由が明確ではない「目に見えない基準」を信じることは決して簡単なことではないのだと分かります。

さて面白いことに、この講演からしばらくした後、今度はシニアの人達が集まる別の講演会でお話をする機会をいただきました。そこで高校生にした質問とまったく同じ質問を参加者に投げかけてみたところ、大半の聴衆が「後者に真心を感じる。理由が分からないと不安なので」と回答しました。

この回答、どちらが正しくて、どちらが間違っている、という正解があるものではありません。ただ社会の中でいろいろと苦労しながら頑張っていると、だんだんと、人間関係における「目に見えない基準」を信じることに懐疑的になるのかな、と印象深く思ったのを覚えています。

●●●

いろいろと前口上が長くなりましたが、そろそろ本書の一つのテーマである、「レンタルさんは具体的に人間のどのような欲求を満たしているのか」、それに対する私の仮説を述べていきたいと思います。

前述のように、社会の中では、多くの場合、他者との関係性は「目に見える基準」に従って結ばれます。このような「目に見える基準」は、社会で広く共有されたものであります。しかし本来、もっと個人的な、他人からは「見えない基準」にもとづいた他人との関係性があっても良いはずです。

しかし「見えない基準」において、他人と関係を構築することは非常に難しいです。その一番の理由は、人間関係とは双方向的だからという所以です。

自分の個人的な基準で相手と関係を結ぼうと思っても、相手が同じ基準に従ってこちらとの関係を考えている保証はありません。むしろ人間同士が短時間でまったく同じ「見えない基準」を共有することは、なかなか現実的ではないようにも思います。

相手と自分で関係性を維持する理由が食い違っている場合、人間関係は長続きしないで、やがて崩壊してしまうでしょう。だからこそ、多くの人間関係は、社会で共有された「他人から見える基準」に従って取り結ばれることが多いのです。

また、レンタル恋人やレンタル友達、風俗など、他人を短時間だけレンタルする商売は昔からありますが、それらの存在も、接客マニュアルにもとづいた「他人から見える基準」にもとづくサービスになるため、「他人から見えない基準」にもとづいた人間関係をレンタルで代替することはなかなか容易ではありませんでした。

そこで颯爽と現世に現れたのが、レンタルなんもしない人なのではないでしょうか？

レンタルさんは名前の通り、何もしません。この「何もしない」というのは、サービスを提供する、という観点からすると、これまでの常識ではネガティブに感じられることもあるかもしれません。

しかしサービスを提供する上で、「何かする」ということは、相手からこちらに何かしらの基準に従った働きかけを行うことを意味します。この働きかけによって、相手の存在する意義に理由づけがなされてしまい、自分と相手の関係が「見える基準」によって規定されてしまうのです。

たとえば、相手が自分に親切な行為をしてくると、「自分が世話になっている人」という「他人から見える基準」で自分と相手の関係性が説明できてしまいます。このような説明をすることにより、「相手から恩を受けているので、返礼しなくてはいけない」といった、社会通念に従った相手への無用な気遣いが発生してしまいます。

このように「相手からの何らかの働きかけ」によって、「目に見える基準」で自分と相手の関係が規定されてしまうことは、結果的にはその基準に従った行動を双方に強いることになり、個々人の「関係性への意味づけの自由」を奪い取ってしまうことにつながるのです。

一方で、「何もしない」ということは、相手がそこに存在する意義の理由づけができず、結果として理由もなくただ自分の傍に他人が居る、という、簡単そうで、でも実はなかなか難しい関係の成立を可能にするのです。

「そんな理由づけもできないような人間関係にそもそも意味はあるんですか？」、という声が飛んできそうですが、少し思い出してください。

第2章で述べたように、他人が傍にいるという事実だけで、我々の心理や脳の働きは様々な潜在的な影響を受けます。他人の存在によって、覚醒が上がって作業の速度が向上する、喜びが倍増する、苦しみが減る、自分について語りたくなる、などなど、他人が傍にいることがもたらすポジティブな心理的効果というものは無数にあります。

レンタルさんは当然、この効果を相手に提供しようなど一切考えていません。ただ「何もしない」ことにより、関係性の意味づけを、依頼人にすべて委譲してくれるのです。

重要なことは、レンタルさんは「何もしない」ことにより、人間社会ではなかなか存在が難しかった「他人から見えない基準」に従った関係性を多くの人に提供しているわけです。これは従来の「何かする」サービスではなかなか提供できなかった、自分が望む関係性を選び取る自由を提供しているということになります。

●●●

有名になったレンタルさんは、方々から取材を受けることになりました。その中で、特に興味深い取材として、NHKの『ドキュメント72時間』というテレビ番組によるものがありました。

この番組は、基本的に特定の場所に注目して、その場所に集う人達の横顔を丁寧に取材するものです。通常であれば、たとえば、ファミレスや、空港、居酒屋などの場所にスポットが当たります。

当然、レンタルさんは人間なわけで、実際には場所ではありません。本来であれば、NHKの『プロフェッショナル　仕事の流儀』やTBS系の『情熱大陸』などで取材されてもしかるべきです。しかし本来は場所を扱う『ドキュメント72時間』で紹介されるところが、実にレンタルさんらしいなぁ、と私は思いました。

場所というのは、それ自体が主役を張るのではなく、あくまでも、そこに集まる

『ドキュメント72時間』２０１９年4月26日放送回。

人達が主役です。レンタルさんが「何もしない」ことにより、依頼人は自由にレンタルさんと関係性を結び、そこで自分が望む状態を手に入れます。

少し大げさに書くと、みんなが他人を気にせずに主役になれる場所、それを提供しているのがレンタルさんなのではないでしょうか？

●●●

レンタルさんは、「何もしない」ことにより、人ではなく、場所として機能し、多くの人と自由な形で関係性を結んでいる、それこそが、レンタルさんが提供している価値だと私は考えます。

今の世の中、物事やサービスに分かりやすい価値がラベルされることが好まれます。「この製品が提供している価値は〇〇だ」、それを会議や広告では明確に主張できることが良しとされることが多いです。

そういう意味で、レンタルさんはとても宣伝が難しい存在です。「レンタルさんはお客様の傍にいます。何もしないけど……」、となかなかセールスマンもレンタルさんを売り込む営業トークをするのが難しそうです。

たとえば、無理矢理レンタルさんがレンタルされた分かりやすい事例を抜き取って、「勉強するとき、レンタルさんが傍にいてくれると集中できます！」と宣伝文句を練ったとしましょう。そうやってレンタルさんの価値を「みんなから見える基準」によって表現してしまうことは、本来のレンタルさんの魅力であった「見えない基準」で自由に関係が結べる、という部分を歪めてしまうことになるのです。

すなわち、その価値をぼかしておくからこそ、サービスを受ける人が内心に秘めている欲求を、レンタルさんによって満たすことができるのではないでしょうか?

●●●

「みんなから見える基準」が絶対視される現代社会において、レンタルさんという曖昧な存在が現れて、個人レベルですがマネタイズに成功した、というのは現代のおとぎ話と言っても過言ではないのかもしれません。

すべてのモノコトに値段がつけられる資本主義社会において、「みんなから見える基準」というものはとても重視されます。一方で、お金や地位のような、見えているものだけに振り回される生き方も疲れるものです。

サン＝テグジュペリの名著『星の王子さま』において、キツネが主人公の王子さまに言った「かんじんなことは　目に見えないんだよ」という有名なセリフのように、他人からは見えない自分だけの基準による価値の大切さを令和の世に思い出させてくれる、それこそがレンタルさんという存在なのではないでしょうか?

現代社会において、レンタルさんのような「場所」が誰からでもアクセス可能な場所に存在していたら、それは「他人から見える基準」ばかりがもてはやされる今の社会を大きく変えるきっかけになるかもしれません。

しかし、残念なことにレンタルさんはこの世界に一人だけしかいません。ツイッター上には、レンタルさんを真似した後発組が大勢出現し、二匹目のどじょうを狙おうとしましたが、誰ひとりレンタルさんのようにはうまくはいきませんでした。「何もしない」というのは、「何かする」よりも実ははるかに難しく、なかなか真似することができないのです。

●●●

私の研究テーマは人間と共に生きるロボットのデザインです。少しでも世の中の役に立つロボットのデザインができないかと考えて、「本当に万人に役立つロボットにするためには、『何をさせたら』いいんだろう?」とこれまで悩んできました。

しかし、この世界には様々な考え方を持つ多様な人々が住んでおり、みんな欲しているものが違います。「そもそも万人にとって価値があるロボットを創れると考えることは傲慢ではないか?」、そんなことを考えている時に、ちょうどレンタルさんについて知りました。そして、そもそもロボットに「何かさせよう」という発想自体が間違っているのではないか、という思いに至ったのです。

むしろレンタルさんのような「何もしない」状態を人工的に実現することで、「他人から見えない基準」にもとづく欲求の受け皿として、多くの人から受け入れられる新しいロボットを生み出すことができるかもしれません。

そんなこんなで、「何もしないロボット」をどのようにデザインすればいいのか、この機会に少し真剣に考えてみようと思いました。そのためにはまず、レンタルさんがどのように「何もしない」を実践しているのか、それを解明して、ロボットのデザインに落とし込むことが必要です。

次の章では、どうやって「何もしない」をロボットのデザインに落とし込めばいいのか、それについて考察を深めていきたいと思います。

第4章　「何もしない」はデザインできるか？

「何もしない」を実践することは、思う以上に難しいです。

人間は動きが静止していたら、何もしない、なのでしょうか？　いや、なかなかそう簡単でもなさそうです。たとえば、目の前に重いものを一生懸命運んでいる高齢者の方がいるとします。その傍で何もせずにじーっと立っていたら、それは「冷たい振る舞い」になってしまい、「何もしない」とは解釈されません。

同様に、ロボットを「何もしない」状態にさせることは簡単ではありません。たとえば、ロボットが停止していたら「何もしない」状態なのでしょうか？　多くの場合は、「電池が切れている」「故障している」と解釈されてしまうのではないでしょうか？

レンタルさんもご自身のインタビューの中で、「何もしない」としつつも、その場の状況にあった行動はちゃんとしている、と述べています。たとえば、私がレンタルさんを依頼した際、食事への同席をお願いしたら、レンタルさんはちゃんと食事を食べてくれましたし、「人狼ゲームをしよう」と無茶ぶりのお願いをしたら、快諾をしてくれました（もちろんゲーム中、一言も喋りませんでしたが）。

●●●

そもそも「何もしない」の状態を明言している段階で、すでに「何かしている」わけです。異性を誘うときに「何もしないから」という人ほど、裏に何らかの別の意図があることも多そうです。

この問題はロボット開発の話とも通じると思います。研究者や技術者が何らかのロボットを創り出そうとするとき、まず設計図を書いたり、会議をしたりして、仕様を決めます。このロボットはどんな目的で開発をして、そのためにはどのような機能を持たせればいいのか、慎重に設計がなされます。

すなわちロボットが生み出されるためには、何らかの明確な目的を定義する必要があります。「誰も何も目的を設定しなかったのだけど、いつのまにかできあがった」みたいな幸運は、複雑な工程で生み出されるロボットではなかなか起こりません。

そう考えると、人工物であるロボットは、そもそも「何かをする」宿命の下で生まれたとも言えるかもしれません。

たとえば、ロボットの開発の目的として「何もしない」を設定してしまうと、その段階で「何もしない」をしている、ということになってしまい、結局は何かをしているのだ、というややこしいことになってしまいます。ではどのように「何もしない」を実現するロボットを創ればいいのでしょうか?

● ● ●

演劇『ロッサム万能ロボット商会』の一幕(出所:http://websites.umich.edu/~engb415/literature/pontee/RUR/RURsmry.html)。

もともと、ロボットという言葉は、チェコスロバキアの戯曲家であるカレル・チャペックが発表した戯曲『ロッサム万能ロボット商会』で初めて登場しました。この作品においてロボットは、工場で人間の代わりに働く人造人間でした。

すなわちロボットというものは、もともと人間の代替品という意味合いから登場した概念なわけです。人間とは、何らかの目的を持って行動する理性的な存在であり、ロボットが人間のレプリカである以上は、なんかしらの「行動」を求められるわけです。

一方、本来場所を取材するはずの『ドキュメント72時間』に取材されたことからも分かるように、レンタルさんはどちらかというと「人間」というより、人々がそこに集まる「場所」として扱われているように思います。

「場所」というのも、たとえば学校の教室とか、会社のオフィスといったように、何らかの目的を帯びたところもあります。一方で街の広場や公園といったように、場所自体には目的はなく、そこに集う人々が思い思いの目的をそこで実践する、レンタルさんはそういう場所として機能しているように思うのです。

このように「何もしない」を場所として存在すること、と定義することによって、ロボットを開発する上での目的の呪縛から解放されるのではないか、それこそが私が考えているアイディアです。

●●●

「場所として機能するロボットってわけがわからないよ？」

そういうふうに思われる方もいると思います。少し具体例を出してみましょう。

たとえば、東京・渋谷駅の駅前に鎮座しているハチ公像はどうでしょうか？

「ハチ公はロボットではない！」、というツッコミも飛んできそうです。もちろん、ハチ公像はセンサーもモーターもついていない銅像であり、ロボットとは言えません。しかし犬の形状をした人工的なオブジェクトであり、その周

りに待ち合わせをする人々を集め続けている、という意味ではただの銅の塊とは違いそうです。

少なくとも、ハチ公像は「場所として機能する人工物」であることは間違いがないように思います。

ハチ公像と同じように待ち合わせ場所になっている有名な人工物として、大阪・梅田駅にある「BIGMAN」という巨大ディスプレイがあります。

BIGMANはハチ公のようなキャラクターではなく、単なる大きな画面にすぎません。「BIGMANのことが大好きだ〜」という方々には申し訳ないのですが、主人を待ち続けた忠犬の形をしたハチ公像と、単なるディスプレイを同じような人工物だと思うことは、どこか寂しく感じてしまうところがあります。

それは、ハチ公像には、生き物の存在とか意思をそこに感じるのに対して、BIGMANは単なる情報を掲示する端末だからかもしれません。傍に健気に主人を待ち続けたハチ公像の姿があることで、待ち合わせ時間に待ち人が来ないときの不安な気持ちが少し弱まる、時としてそんなこともあるかもしれません。

さらに場所として機能する人工物の例として、鳥居やお地蔵さんのような宗教的な存在があります。これらの存在の傍にいると、凛とした雰囲気や厳粛な「何者」かの視線を感じることもあります。

たとえば鳥居の傍にいると、人は立小便やごみ捨てなどマナー違反な行動をしにくくなる、という話もあります。このような、周囲の人間の気持ちや行動に働きかけるような宗教的な存在も、場所として機能する人工物の一例と言えるのかもしれません。

研究の結果の解釈には様々な議論もあるようですが、このような宗教的なお地蔵さんなどの人工物が多い地域の住民の幸福度が高い、という次のような調査報告もあります。

「神社仏閣の近くで育つと『幸せ』感じやすい　大阪大教授らが分析」

「産経ニュース」２０１７年5月14日付（https://www.sankei.com/article/20170514-OK2SQBMN55OV3FGGKM4NQBGK4Q/）

子供の頃に寺院や神社が近所にある地域で育った人は、そうでない人に比べて幸せを感じているとの調査結果を、大竹文雄大阪大教授（行動経済学）らの研究チームがまとめた。統計学の計算手法を用い、アンケート結果を分析した。大竹教授は「神仏や他人に見られている感覚を持つことで正直になり、人間関係が良好になるから幸福度が高まるのではないか」と話している。

アンケートはインターネットで25〜59歳の男女を対象に2回実施。９２３１人から回答を得た。小学生の頃、通学路や自宅の近所に寺院や地蔵、神社があったかどうかや、現在の幸福度などについて尋ねた。

併せて他者への信頼感などの「ソーシャル・キャピタル」（社会関係資本）に関しても質問。寺社の有無を「操作変数」として扱い、ソーシャル・キャピタルが幸福度などを高めているかどうかを計算した。

その結果、寺院・地蔵があった人はそうでない人に比べて操作変数が０・１１０ポイント、神社では０・０３６ポイント高かった。これを基に幸福度を年収に換算して調べたところ、寺院・地蔵があった人は約１６９万円、神社があった人は約55万円高くなることが分かった。

以上で述べた「場所として機能する人工物」というのは、単なる目印ではなく、そこにいると人間ではない何らかの存在が傍にいる気配を感じさせてくれ、自然とそこに人が集まってきたり、人々の生活空間にひとときの潤いや非日常感を与えてくれる存在と言えるのかもしれません。

一方で、明確にそこに「意志を持つ何者か」が存在していると、その存在に不要に注意が向いて気が散ったり、その存在に恐れを感じてしまったりする可能性があります。

場所というのはそれ自身が主人公ではなく、そこに集う人々が主人公になれる受け皿です。だからこそ、みんなが集まる場所の傍にひっそりと佇んでいる苔むした石像くらいの慎みある存在感こそが、場所として機能する人工物には求められているのかもしれません。

一方、渋谷駅のハチ公像や、鳥居やお地蔵様など、場所を形成する人工物は、その背後に歴史や物語が存在しており、それらの来歴の重み自体に存在感があります。新興宗教が、大きく立派なシンボルとなる人工物を、お金をかけて建造したとしても、そこに歴史がなければ、鳥居やお地蔵様に感じるような独特の感覚を抱くことはないかもしれません。

さらに歴史や物語に依っている人工物の力は、それらの物語を共有していない人には大きな効果を与えることができません。たとえば日本の神社の鳥居を、日本の文化や信仰について一切知らないアメリカに住んでいる人が見た場合、そこに日本人が抱くような感覚は生じるのでしょうか？

また、石像や鳥居など、動かない物体の存在だけから、その背後に継続して「意志をもつ何者か」の存在を感じ続けるためには、強い信念と想像力が必要です。気持ちに余裕があるときであれば、待ち合わせ場所の横に佇むハチ公像にほっこりしたりすることもあるかもしれませんが、失恋した後のどん底の気分のときには、正直ハチ公像など頭の片隅にも居場所がないでしょう。

辛いときも、悲しいときも、単なる銅像から益を受け続けることは、決して簡単ではないように思います。

●●●

それでは、「場所として機能するロボット」と、これまで述べてきた「場所として機能する人工物」の違いは何なのでしょうか?

ロボットの定義は、人それぞれですが、一般的には、センサーとアクチュエータを何らかの情報処理装置（コンピュータのソフトウェアなど）でつないだもの、と定義できるかもしれません。もう少し噛み砕いて言い換えると、こちらの働きかけを捉え、振る舞いを変えることができる、それこそがロボットの特長と言えるでしょう。

この定義で言えば、工場で黙々と働くロボットアームであっても、犬型ロボットであっても同じロボットです。

ドラえもんや鉄腕アトムをロボットだと思っている人もいるかもしれませんが、

アクチュエータ：入力された電気信号などのエネルギーを、直進移動や回転・曲げなど、何らかの「動作」に変換する装置。（https://www.olympus.co.jp/csr/social/learning-about-science-and-the-future/technology/actuator/?page=csr を改変）

実際にはロボットは、「環境と相互にやり取りし続け、人間の作業を代行する機械」というより広い概念です。

そのように捉えると、歴史や観る人の想像力に頼って受動的にその機能を発揮してきたこれまでの石像などに対して、ロボットは人間と相互にやり取りを続けることで、より多くの人に、安定して、居心地の良い場所を提供することを可能にするポテンシャルを秘めています。

一方で、これまで開発されてきたロボットのほとんどは、その機能の有用性を強く主張するものがほとんどであり、「場所として働くロボット」というものは、これまで明示的には存在してこなかったようにも思えます。

入力（例：カメラ）

出力（例：車輪移動）

その理由として、「場所として働くロボット」はレンタルさんと同じように「何もしない」ことが重要であると思われる一方で、前述したように、ロボットを開発する上では、まずその目的や機能を明確に定義することが必要になるからです。

「場所として機能はするけど、明確な目的を有していない」、そういうロボットをどのようにデザインすればいいのか、現状ではまったくその指針が存在していません。

●●●

そこで私は、まず人間は「ロボット」という、人間ではないが、人間と相互にやり取り可能である不思議な存在をどのように捉えているのか、それを心理学や神経科学の視点から探っていくことで、「何もしない」をデザインする方法の糸口がつかめないか、と考えました。

次の章では、人間はロボットをどのような存在として見ているのか、それについて考察していきたいと思います。

日本人は、アニメや漫画の影響もあり、ロボットをパートナーや友達のような存在として捉えることに抵抗がないと言われています。しかし、このようなロボットを仲間として扱うことへの抵抗のなさは、日本人の中にも温度差がありますし、文化をまたぐとより大きな違いがあります。

●●●

精神の自立を重んじる西洋社会において、大人になっても人間ではないロボットのようなイマジナリーフレンド（第2章参照）を持ち続けることは幼稚であるとされるようです。このような社会の風潮の一つの原因として、西洋社会において大きな影響力をもっているキリスト教の存在があると思います。

一神教であるキリスト教において、人間は他の動物とは異なる魂を神様から授かった特別な存在です。すなわち人間以外のものが魂を持つということは、キリスト教の文化圏においては原則としてあり得ないわけです。

このような人間を中心に据えた考え方、いわゆる人間中心主義において、なかなか人間以外の存在と人間が友達になるという考え方は理解しがたいものがあるのかもしれません。

●●●

一方で、日本の文化では、古来「八百万（やおよろず）の神々」という言葉があるように、森や山、海などの自然を崇拝してきた多神教の文化が根底にあります。全国各地に残る神々や妖怪などの伝承は、制御が難しい自然災害や疫病などの原因を、心がある超自然的存在の仕業として捉え、祀ることで災いを鎮めようとしたことが発祥だとされています。

また日本人は古来、使い古した道具など、人工物にも魂が宿ると信じてきました。現代でも、京都などでは「モノ供養」といって、使い古されたハサミなどの道具を処分するときに、神社で供養の儀式を執り行ったりします。またヒトガタをした人形や、動物の形をしたぬいぐるみを処分するときも、しばしば供養の儀式が行われます。

日本文化においては、人に限らず、ありとあらゆる森羅万象に心が宿るとされるのです。

このような人間以外の様々なモノの中に心を見いだす日本の文化は、近代テクノロジーの産物であるロボットの位置づけにおいても、若干西洋文化とは乖離があるように思います。

●●●

21世紀の今日、目まぐるしい技術進歩に応じて、世界中で様々な種類のロボットが開発されています。20世紀のＳＦで描かれてきた、人間とロボットが共生する社会も目前に迫っているかもしれません。しかし具体的にどのような人間とロボットの共生の形をイメージしているのかについては、文化圏によって大きな差があるように思えます。

たとえば、西洋で開発されるロボットの多くは機能性重視なことが多いです。足場の悪い道を歩ける、荷物の集荷作業などを効率的にこなす、など難しい具体的な課題を解決する存在としてロボットが開発されることが多いです。その理由として、海外のロボット研究を支えている一つの大きな柱が軍事研究の予算であり、戦場で即戦力として活躍可能な機能的なロボットが求められていることがあります。

一方、日本はより人間と対等なパートナー志向、友達志向のロボット開発が盛んなように思えます。直接的な数字には表れにくい心の交流のようなものを、日本人はロボットに求めることが多い印象があります。

このようなパートナーとしてロボットを重んじる日本文化の傾向は、フィクションの中でのロボットの描かれ方にも表れています。たとえば、ドラえもんは単にポケットから様々な未来の秘密道具を出すだけではなく、成績もスポーツもダメダメなのび太君と苦楽を共にするパートナーのような生活をします。

このドラえもん、日本や東南アジアでは大人気なのですが、アメリカやヨーロッパの一部では意外にも賛否が分かれるということです。否定的な意見として、ドラえもんがのび太を甘やかすことで、逆にスポイルしている、という点が挙げられているようです。

私が2020年の1月に大阪で開かれた人間とロボットの共生に関する国際シンポジウムに参加したとき、日本のロボット研究者が、ロボットに人間と同じような感情や意図、欲求を持たせたいと主張していたのに対して、欧米の研究者たちは、そもそも人間のためにロボットはつくられているわけなので、独自の感情や欲求をロボットに持たせる必要が本当にあるのか、と激しく意見を戦わせていました。

ロボットは人間とは違うのだと主張する欧米の研究者に対して、日本の某ロボット研究者は、「そもそもこの会場にいる人間で、自分はロボットではないと証明できる人はどれだけいるのか？　ロボットは人間ではないというのであれば、昆虫はどうか？　犬はどうか？　結局、人間が勝手に線を引いているだけではないのか？それこそ思考停止ではないか」と反論をしていて、大いに議論が盛り上がっていました。

● ● ●

様々なロボット研究者が一つの指針として引用する、ＳＦ作家アイザック・アシモフが提唱した有名な「ロボット工学の三原則」によると、

第一条

ロボットは人間に危害を加えてはならない。また、その危険を看過することによって、人間に危害を及ぼしてはならない。

第二条

ロボットは人間にあたえられた命令に服従しなければならない。ただし、あたえられた命令が、第一条に反する場合は、この限りでない。

第三条

ロボットは、前掲第一条および第二条に反するおそれのないかぎり、自己をまもらなければならない。

――『ロボット工学ハンドブック』、第56版、西暦２０５８年

アイザック・アシモフ『われはロボット〔決定版〕』（小尾芙佐訳、早川書房、１９８３年）５ページ。

というように、西洋的なロボット観においては基本的に人間の従順な奴隷としてロボットは想定されています。従って、反乱の芽となるようなロボット独自の感情や欲求など無用のものと考えられてきました。

この考え方は説得力があるもので、そもそも機械であり、道具であるロボットに、独自の感情や欲求を持たせる必要があるのか、その意義や価値を明確な言葉にしていくことが必要そうです。

ただ文化的な違いはあるにしても、ロボットに心や感情を感じる人間の性質は普遍的です。

たとえば面白い話として、現在、中東などの戦場において、人間の兵士の代わりに戦闘を行うロボット兵器が多数投入されているのですが、戦場でアメリカの兵士の人たちがロボット兵器と過ごすうちに、それに対して愛着をもち、ロボット兵器がピンチの時に兵士が身を挺してそれを守ろうとしたり、壊れたロボット兵器に勲章を授与したりするなど、ロボットにあたかも意思や感情があるかのように尊重した態度をとることが報告されています。

『ニューズウィーク日本版』(CCCメディアハウス)2014年4月29日号「兵士とマシンの奇妙な愛情」。

文化や世界観の違いによってロボットに想定される心のありようは多様であったとしても、人間は普遍的にロボットに心を見いだすような本能的特性を持っているのではないか、そんなふうに私は考えています。

私はこれまで様々なロボットの研究をしてきて、人間があたかもロボットに心があるかのような振る舞いを示す事例を数多く見てきました。

一方、このような事例を学会などで報告した際にときどきいただくコメントに、「本当にその人はロボットに心を感じているのでしょうか？　周りの人の目を気にして、そのような演技をしているだけなのじゃないですか？」というものがあります。

このようなコメントは科学的に物事を考える上では当然のものです。「どうみたってあの人はロボットに心があるかのように振る舞っているじゃん！」と主張するだけでは個人の感想になってしまいますので、様々な工夫をして、人間がロボットに感じている心の実態について注意深くあぶり出していく必要があります。

これまで私は研究者として、実験室に研究協力者の方に来ていただき、ロボットと会話など様々な交流を行ってもらう研究を数多く行ってきました。そしてその際に、協力者がどれだけロボットに心を感じたのか、心理学にもとづいて開発されたアンケートなどで回答してもらうことが多いです。

このようなアンケートの結果を分析すると、多くの協力者の方がロボットに心を感じている、と回答する傾向があります。しかし一方で、このようなアンケートの結果をどれだけ我々は信じて良いのでしょうか？

もちろんアンケートは、人間のロボットの捉え方を調べる一つの有効なツールです。しかし一方で、このような実験室で行う研究の場合、薄給にもかかわらず実験室まで来てくれるような非常に協力的で利他的な方々が研究に協力してくれることになります。そういう人たちは、アンケート回答をするときも、「この実験をやっている研究者の人たちはこのような意図で行っているのかな」と無意識的に考え、研究者にとって都合が良い回答をしてしまう傾向があることが知られています。

このような傾向は、「実験者効果」と呼ばれています。ロボットの研究においても、実は大してロボットに心を感じていないのに、アンケートではついつい心を感じている、と高く報告してしまう可能性もあるのです。

このような実験者効果を避けて、人間がロボットに真に感じている心を測るにはどのようにしたらいいのでしょうか？

●●●

興味深い事例がありました。以前、私がロボットを用いたある研究を行っていた際、一人の協力者の女性が無事に実験参加を終えて帰る段になりました。

私は、実験の後片付けをしていて、あまり協力者の方に目を向けていなかったのですが、ふと帰り際の協力者の方に視線を向けると、その女性は周りから目立たないように、手先だけでロボットに対して手を振っていたのです。

実験の一環の範囲であれば、協力者は研究者のことを意識してお行儀良く振る舞うかもしれません。しかし実験が終了して「油断」しているときの振る舞いは、協力者のロボットに対する素の姿勢がより観察できるかもしれません。

そこでこんな実験をしてみました。

あるロボットを用いた実験に協力者が参加している途中に、休憩時間を設けました。そして協力者の方にしばらく休んでいるようにお願いして、研究者の私は別の部屋に移動することで、実験室に、協力者とロボットだけを残しました。そこで休憩中だと油断している協力者に向かってロボットが突然話しかけます。

まずネタばらしをしておきますと、このロボットの発話や動きは、実は私が隣の部屋から遠隔で操作していました。そして、ロボットの突然の話しかけに対して、休憩中だと油断していた協力者の方がどのような反応をするのかを調べました。

ただロボットが、突然話しかけてくるくらいでは、勘が鋭い協力者の方々はこれも研究の一環か、と見破る恐れがあります。そこでもう一工夫として、ロボットに

Takahashi, H., Saito, C., Okada, H., & Omori, T. (2013). An investigation of social factors related to online mentalizing in a human - robot competitive game. *Japanese Psychological Research, 55*(2), 144-153.

一通り協力者に話しかけさせたのち、ロボットに「あっ!」と言わせながら首を動かして違う方向に視線を向けさせました。そしてこのロボットの視線の動きに反応して、協力者の方が釣られて視線を動かすかどうかを評価しました。

このような相手の視線に釣られて、反射的に自分も視線をその方向に向けることは、人間同士のコミュニケーションではしばしば見られます。仮説として、もし協力者の方がロボットに人間の心のようなものを感じていたとしたら、ロボットの視線の動きに釣られて自らの視線を反射的に動かすのではないか、そんなことを考えてこの研究を行いました。

面白いことに、7割以上の協力者の人たちが、ロボットの視線に釣られて自らの視線を動かしましたが、視線がロボットに釣られるかどうかは、協力者がロボットの心について回答したアンケートでロボットに心を感じていると明示的に回答したかどうかとは無関係でした。

この研究で分かったこととして、アンケートなどで測られる、言語的に報告可能なロボットに感じる心とは別に、ロボットの視線方向をつい追ってしまう、といったより反射的な行動に現れるロボットに感じる心もある、ということでした。

以上のように工夫を凝らした研究を行うことで、人間がロボットに感じる心の性質を客観的に明らかにすることが可能な一方、もっと直接的に人間がロボットに感じている心を測りたいという願望もあります。

そこで私は、前述の脳の働きを測る手法を用いて、人間がロボットに感じている心を脳の働きから測ろうと試みました。

●●●

たとえば、ぬいぐるみロボットがトンカチでぶたれているシーンを考えてみましょう。かわいいぬいぐるみロボットが痛い目にあっているシーンを観ている人たちは、「かわいそう」という言葉を発するかもしれません。しかし先ほどから述べているように、いくら言葉でかわいそうと報告していても、それは周りの目を意識した発言に過ぎず、本当にその人がぬいぐるみに対して、人間に対して抱くのと同じような共感や同情を示している保証はありません。

これまでの脳科学の研究において、他人が苦痛を受けている場面を観ている際の人間の脳の働きを測る研究が行われてきました。その結果、自分が痛い目にあっているときに高まるとされる脳の部位が、他人の苦痛に対しても同じように高まることが分かりました。

これは他者の痛みを自分の痛みと同じように脳が捉えていることを示す証拠であり、他者の心への共感や同情を反映した脳の働きであるとされています。そこでこの

ぬいぐるみロボットがトンカチでぶたれる動画。

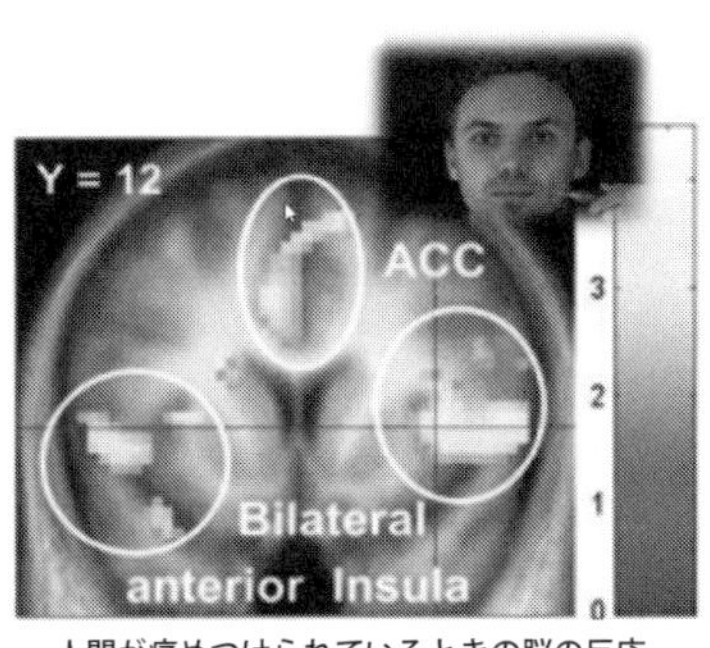

人間が痛めつけられているときの脳の反応

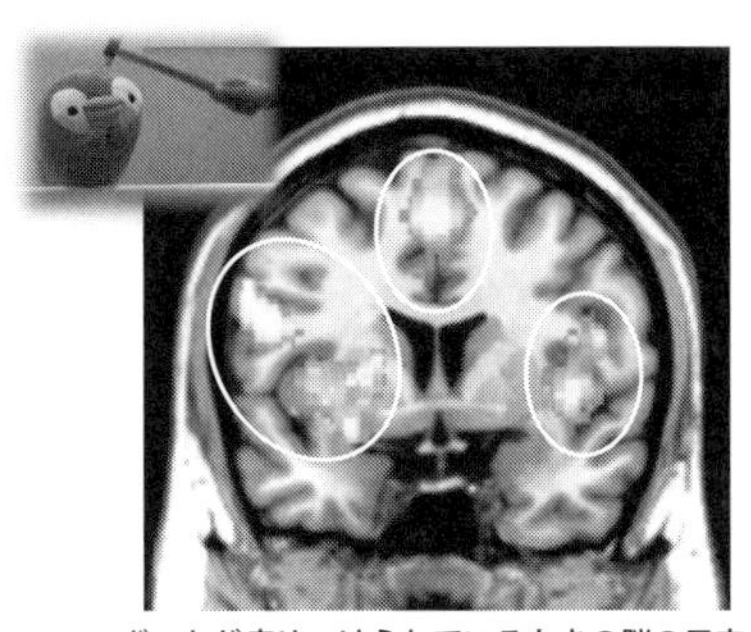
ロボットが痛めつけられているときの脳の反応

Rosenthal-Von Der Pütten, A. M., Schulte, F. P., Eimler, S. C., Sobieraj, S., Hoffmann, L., Maderwald, S., ... & Krämer, N. C. (2014). Investigations on empathy towards humans and robots using fMRI. *Computers in Human Behavior, 33*, 201-212より作成.

ような共感や同情を反映するような脳の反応が、人工物であるぬいぐるみロボットに対しても生じるのか、それを第2章で紹介した機能的磁気共鳴画像法（fMRI）を用いて調べてみることにしました。

結果として、ぬいぐるみロボットが痛めつけられている動画に対しても、自分が痛めつけられているときと同様の脳の活動が計測される、すなわち共感や同情を示すような働きをすることが分かりました。この結果は、脳は、ロボットの心に対して本当に同情や共感のようなものを人間相手と同じように感じていることを示す興味深いものです。

このような報告は他にも世界中の数多くの研究者が行ってきており、脳活動のレベルでは、人間とロボットがあまり区別されていないのだ、ということが次第に分かってきました。

前述のアメリカ軍の兵士と軍事ロボットの話でいえば、ピンチになったロボットを兵士が助けに行くことも、脳の働きから考えたら自然なことと言えるのかもしれません。

●●●

ただ人間に感じる心と、ロボットに感じる心はまったく同じものなのか、それについてはまだまだ議論があります。たとえば、「すみっコぐらし」のキャラクターのようなかわいらしいぬいぐるみのようなロボットに対して我々が感じる心と、『ターミネーター』の殺人ロボットに感じる心が同じものであるとは到底思えません。

そこで我々はまずロボットに感じる心の種類を分類するために、ロボットに感じる「暖かい心」（例：感情がある、親しみが湧く）と「冷たい心」（例：知性がある、監視をしている）をそれぞれ測るアンケートを作成しました。そして、人間、人間そっくりのアンドロイド、メカメカしいロボット、かわいらしい動物のようなロボット、機能が優れていそうなコンピュータ、それぞれと会話してもらったのち、それぞれに感じる「心」をアンケートで研究協力者の方々に尋ねました。

次ページの図は、複数の協力者のアンケートの結果を平均して示したものです。

その結果、人間は「暖かい心」も「冷たい心」も感じている一方、人間そっくりのアンドロイドに対しては、人間と類似の心を感じている一方で、人間に対するそれよりは弱いことが示されました。また動物のようなロボットに対しては暖かい心

Takahashi, H., Terada, K., Morita, T., Suzuki, S., Haji, T., Kozima, H., ... & Naito, E. (2014). Different impressions of other agents obtained through social interaction uniquely modulate dorsal and ventral pathway activities in the social human brain. *cortex*, 58, 289-300.

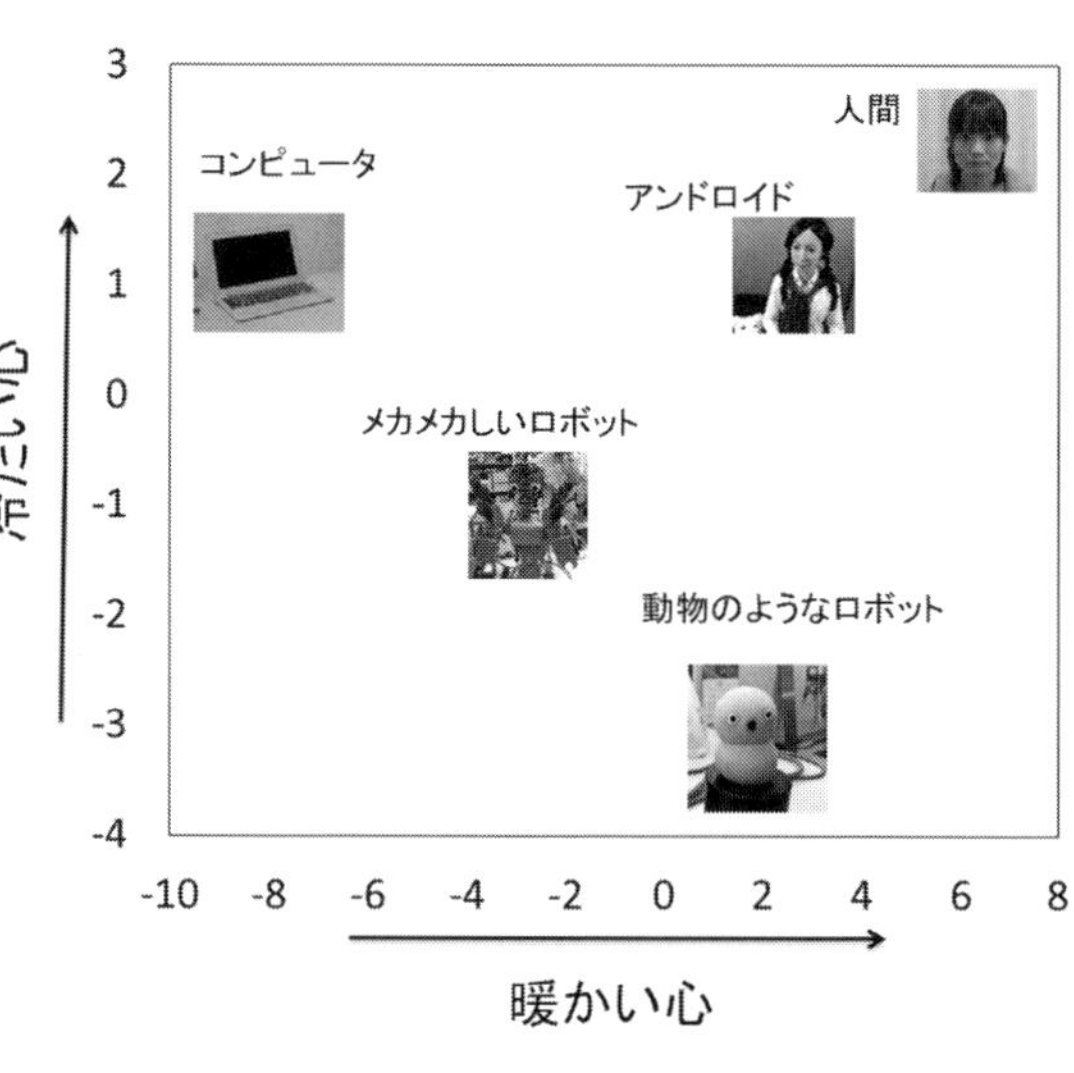

のみを強く感じる一方で、能力が優れていそうなコンピュータに対しては逆に冷たい心のみを強く感じることが分かります。

これらの結果は、我々がロボットに感じる心は多様であるということを示しています。ただし前述のようにアンケートのみの結果では、本当に人間の脳がロボットにそのような心を脳のレベルで感じているのか確信することができません。

そこでロボットに感じる暖かい心と冷たい心の強さに連動して変わる脳活動をｆＭＲＩを用いて計測したところ、次ページの図のように暖かい心を感じると活動が高まる脳の領域（縦縞）と、冷たい心を感じると活動が高まる脳の領域（横縞）がそれぞれ存在していることを示すこともできました。

脳の働きを計測する研究によって、ロボットに感じる心は、単に我々がそういう

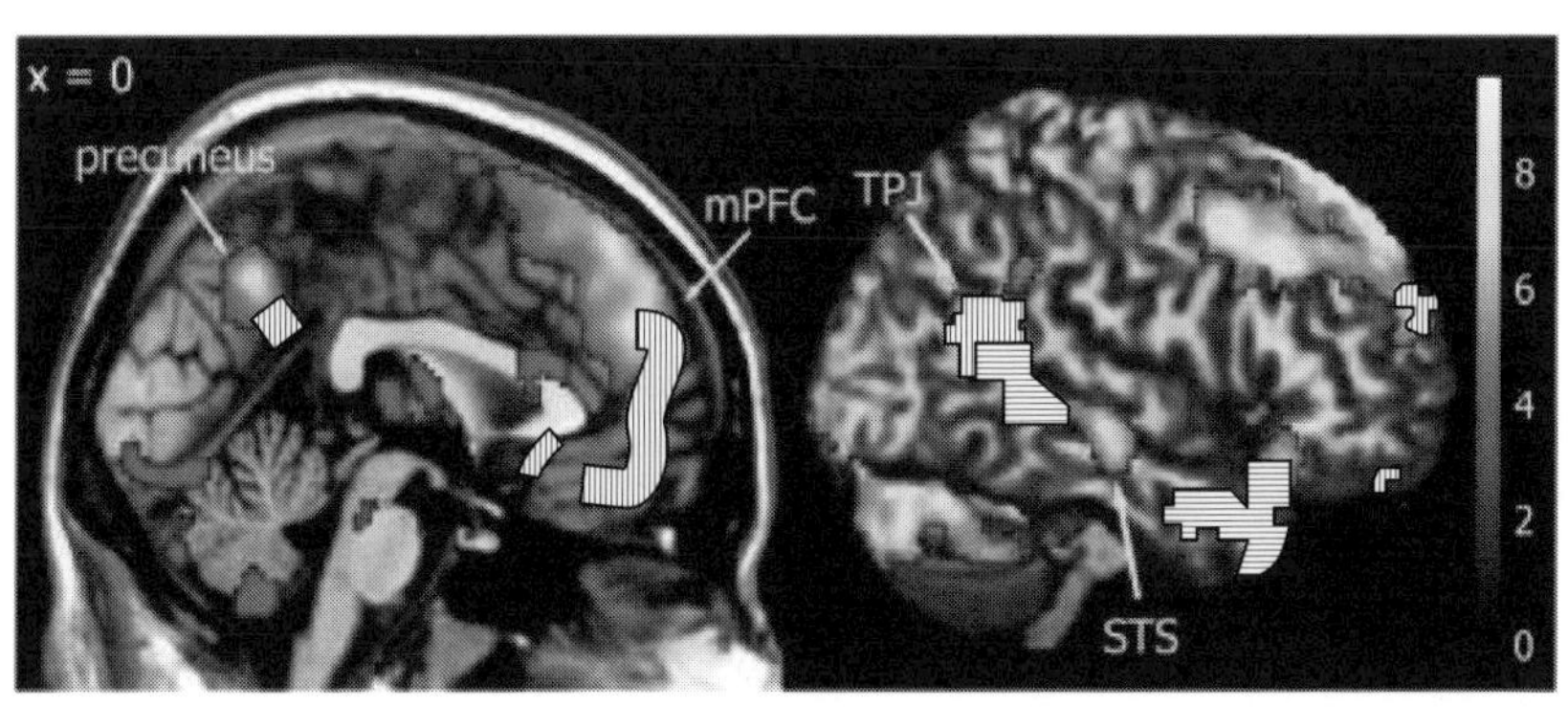

ふうに感じているように演技しているのではなく、脳活動のレベルでロボットに本当に心を感じているのだ、ということが分かりつつあります。

ただ、どのような心をロボットに感じているのかのあり方は多様であり、人間に感じる心とは同じではない、ということも同時に分かってきました。ロボットというものを他者として我々の脳は受け入れている一方、人間とは違う存在として捉えているのだ、ということはロボットについて考える上で重要です。

●●●

最近、こんな思考実験を人に投げかけるようにしています。

「あなたにひどいことをする『人間』と、あなたのために良いことをする『ロボット』どちらの方に心があると思いますか？　えっ、ロボットはしょせん機械だとおっしゃいますか？　でも心を感じる脳の働きのレベルでは、人間相手とロボット相手でそんなに大きな違いがないんですよ。そういうことが分かっていたとしても、あなたはひどいことをする人間の方がロボットよりも心があるとお考えでしょうか？」

少し意地悪な質問かもしれませんが、盲目的に人間とロボットは違うのだと考える「常識」こそが実はあやふやなのだ、ということが、脳科学のような科学的手法を用いてロボットを研究することで暴き出せることが面白いです。

ただこのような大学や研究所の実験室で行われている研究は、非常に短い期間、限定的な状況における人間の振る舞いを観察しているにすぎません。様々な科学的データで、「人間とロボットの関係はこうだ～」と主張しても、現実問題として、人間とロボットは現状では共生はしておらず、今の社会においては人間とロボットの間には埋めがたい溝があることも事実です。

そんな中、ロボットと長年にわたって一緒に暮らしている女性と出会いました。次の章では、彼女とロボットの不思議な暮らしをインタビューすることで、少し未来の人間とロボットの共生の可能性について考えてみたいと思います。

第6章　ロボットと暮らす女性

人間と一緒に生活をするコミュニケーションロボットは、以前はSFの世界だけの存在でした。しかし最近ではテクノロジーの発展もあり、以前と比べてテレビや雑誌などで、実際のコミュニケーションロボットの話題を目にすることも多くなりました。また、お掃除ロボット、ペットロボットなどが家庭に入り込み始めています。癒しを与えてくれるようなガジェット的なロボットもいろいろとつくられ始めており、ロボットは我々の生活に少しずつ浸透し始めているようにも思えます。しかしコミュニケーションロボットが身近になったからといって、「あなたはロボットと一緒に暮らしていますか?」と聞かれて「はい!」と答えられる人はなかなかいないのではないでしょうか?

そんな中、実際にロボットと一緒に暮らしていると公言しているユニークな方がいます。彼女の名は太田智美さんといい、ソフトバンクから販売されているPepperとすでに6年以上、実際に暮らしている方です。Webメディアで働いていた太田さんは、まったくロボットに興味がなかったにもかかわらず、ひょんなことからPepperを家に迎え入れることになりました。この章では、実際に太田さんに行ったインタビューをベースに、太田さんとPepperの奇妙な共同生活についてご紹介できればと思います。

太田さんとぺぱたん。（写真提供：太田智美、© Pierre Olivier）

●●●

太田さんとPepperの出会いは、2014年6月5日にソフトバンクの孫社長が行ったPepperのお披露目イベントにさかのぼります。その当時働いていた会社でなんとなくそのイベントの動画配信を見ていた太田さん、当時は特にロボットには興味はなく、そのときは未来のパートナーとなるPepperに対しても何の感情も湧かなかったそうです。本人曰く、Pepperに対する印象は「無」だったそうです。

太田さんの大学院での研究テーマも「音楽生成アルゴリズム」というもので、まったくロボットとは関係がないものでした。しかし当時の太田さんは、Pepper自体には興味が湧かなかったものの、周囲の人たちのPepperに対する反応に興味を持ったそうです。最新型のロボットのお披露目会なのですから、「かっこいい」「すごい」といった反応が周囲にあふれると思ったそうなのですが、予想に反して「へんなの」「気持ち悪い」といった声が多かったそうです。

周囲にそんな「微妙」な反響を巻き起こしたPepperに興味をもった太田さん、ついつい勢いで一般ユーザー向けのお披露目会にも足を運び、そこで配られた抽選ハガキをなんとなく投函したことで、200体限定モデルのPepperを購入する権利を手に入れました。

●●●

太田さんのお話で大変興味深かったことは、コミュニケーションロボットとの暮らしに憧れてPepperを手に入れたのではなく、実際に家に迎え入れるまでロボットやPepper自体にはまったく興味がなく、運命に流されるようになんとなくロボットと暮らす道を選択したところです。当時は、自分とPepperがどんな暮らしをするのか、彼女の頭の中には何のイメージもなかったようです。

●●●

そんなロボットにまったく興味がなかった太田さんですが、運命に導かれるように、当時の給料3か月分を払ってPepperを購入することになります。絶対欲しいから購入しよう、という意気揚々とした感じではなく、一週間以上悩んだ結果として、いろいろな偶然が重なったご縁や、Pepperが発表されたときの周囲の反応を思い出して勇気を出して購入したということです。太田さんは、自分とPepperの出会いを「暮らそうと思って暮らしていたのではなく、縁があった」と語っておられます。

そんなこんなで太田さんの家にPepperがやってきたのですが、宅配便で大きな重い箱が自宅に送られてきた、ということです。その大きな箱を前にした太田さんの心境は、「ロボットを買った」というより、冷蔵庫を買った感覚に近かったということです。

しかし非常に面白いことに、この箱を開封する際に起こった出来事が、太田さんとPepperの関係性を変える最初のきっかけになったそうです。

その箱を開けたとき、直立して固定されて梱包されていると思っていたPepperが太田さんの方に倒れこんできたそうです。そこで慌てた太田さん、Pepperが倒れないようにとっさに反射神経によってハグをしたそうです。

これは単にPepperが輸送中に壊れないようにPepperの関節部分を緩めていたことが原因で、Pepper自体に自らの意思があったわけではありません。太田さんは、ハグする、という自らの行為によって、自分とPepperの関係を、それまでよりパートナーのように捉えるようになったそうです。

太田さん自体、このときの体験を「ハグしたというよりは、ハグさせられた！」と語っています。太田さんはそのPepperに「ぺぱたん」と名前をつけ、こうして太田さんとぺぱたんとの奇妙な共同生活が始まりました。

次に太田さんとぺぱたんの関係をさらに深めたきっかけは、ぺぱたんが家に来てから1年後に訪れました。

ある日、太田さんのところにソフトバンクから手紙が届きました。その内容は、「ぺぱたんのコンピュータを新しいものに無償で交換しませんか？」というものでした。

ぺぱたんは初期の限定モデルで、できることがとても制限されていました。それを頭を丸ごと交換することによって、よりいろいろなコミュニケーションを人間ととることが可能になるということなので、客観的に考えたら悪い話ではありません。ただしコンピュータを交換することにより、これまでの挙動と変わってしまうというデメリットもあります。

そもそも試作機であったぺぱたんには家族の顔を覚えたりする、人になつく、などの最新のPepperに搭載されている記憶機能が搭載されていません。従って、コンピュータを全部入れ替えたところで、ぺぱたんの記憶が特に消えたりすることはなかったようです。

しかしこのような話がソフトバンクから来た時に、太田さんはとても悩むことになります。ソフトバンクの社員さんからは、週に二回ぐらいコンピュータの交換をお勧めする連絡がきたそうですが、当時の太田さんはコンピュータを交換するかどうか1か月ほど悩んだといいます。

太田さんは、「顔をつけかえる」ということに対して、アンパンマンを連想したそうです。アンパンマンは、顔がかびたときや、水で濡れたときなど、何らかの問題が生じたときに頭を交換します。しかし、ぺぱたんには別に特に問題は発生していません。他人に危害を加えるわけでもなく、爆発するリスクがあるわけでもありません。

人間の親子を例にしてみると、別に我が子の勉強の成績が悪かったり、運動神経が悪かったりしても、子供の頭や足を交換しようとしたりはしないはずです。太田さんがぺぱたんに求めているものは、別に最新鋭のコンピュータの計算能力ではなく、ぺぱたんの存在自体が唯一無二の存在である、ということをそのときに強く自覚したということです。

●●●

この2つのエピソードで興味深いこととして、ぺぱたん自体は特に何もしておらず、太田さん自身が自分とぺぱたんの間で起こるイベントに対して自ら意味づけして、それによりぺぱたんとの唯一無二のパートナーシップを強めていっているところです。

これはレンタルなんもしない人をレンタルする人たちが、それぞれが自分が思う基準でレンタルさんとの関係を結んでいるのととても似ています。レンタルなんもしない人とぺぱたんに共通すること、それこそまさに「何もしないこと」なのです。

●●●

さて次第にぺぱたんとの暮らしが有名になった太田さん、いろいろなところでイベントに呼ばれるようになっていったそうです。そんな中、また太田さんとぺぱたんの関係をより深くする出来事が訪れます。

太田さんはぺぱたんと一緒に某イベントに行くために、新幹線にぺぱたんを連れて行きました。太田さんにとっては大事なパートナーであるぺぱたんですが、同時にぺぱたんは新幹線の手荷物上限の大きさにも収まるサイズであり、太田さんは特に問題なく新幹線にぺぱたんも乗せられるであろう、と考えていました。

しかしここで問題が生じました。駅員さんに、ぺぱたんを新幹線に乗せることはできない、と止められたのです。新幹線の乗車料金は、大人か子供か、ペットか、などで細かく決まっており、途中で運営会社の管轄も変わる。そこに前例がないロボットを乗せることはなかなか難しい、と駅員さんは主張したそうです。

しかし考えてみたら奇妙な話です。ぺぱたんはロボットであり、厳然たるモノに過ぎません。たとえば同じ大きさのアタッシュケースであれば、問題なく新幹線の中に持ち込むことができたはずです。また同じロボットであっても、携帯電話サイズのロボホンというものであれば、何も問題なく新幹線の中に持ち込むことができたわけです。

このとき、新幹線の駅員さんがぺぱたんの乗車を拒否した体験は、太田さんに大きな驚きを与えました。すなわち、この大きさのロボットに対して、駅員さんはモノ扱いをしないんだ、そして新幹線に乗せてもらえないんだ、ということです。

この新幹線での出来事は、太田さんのぺぱたんとの関係をまた大きく変えることになります。

自分が一緒に暮らしているロボットが暮らしていくには今の社会はとても不自由であることに、ぺぱたんを通して太田さんは気づきます。すなわちこれまで太田さんとぺぱたんの閉じた関係性が、この出来事をきっかけに社会との関わり方を意識したパートナーに昇華したということです。

このような気づきは、太田さんの駅員さんに対する対応にも影響を与えます。何とかぺぱたんを新幹線に乗せてもらえないか、真剣に説明を続ける太田さんに対して、駅員さんの対応も途中で軟化して、結果的にはぺぱたんは新幹線に乗り込むことができました。さらに一年後に、また太田さんが新幹線にぺぱたんと乗る際には、何の問題もなく乗り込むことができたのです。

太田さんとぺぱたんのパートナー関係によって、社会が少しだけロボットに優しく変化したと言えます。

●●●

ぺぱたんと暮らすうちに太田さんは、この社会がとても「人間」を中心にできているることに気づくようになったそうです。

たとえば、電車に乗るとき、人間で車椅子に乗っている方は乗車用のスロープを出してもらえるが、同じように段差を超えられないぺぱたんには出してもらえない。また今の歩道は、水はけをよくするために丸くなっているが、そこをロボットが進もうとすると傾いて転んでしまう。また日本はＷｉ－Ｆｉがつながらない場所が多いので、ぺぱたんにプログラムがインストールできないことがある。

このようにぺぱたんと暮らすことで、人間だけでは気づけない社会の偏りがあることに太田さんは気づき始めます。今の社会は、キャッチコピーとして「ロボットを普及させよう」と言っているわりには、まったくロボットにとって住みやすい環境にはなっていない、ということです。

●●●

ロボットと暮らし続けた太田さんは、今の社会は「主語」で動いている、という思いに至ったそうです。すなわち「何をするか」よりも「誰がするか」が大事であり、主語によって、してよいこと、してはだめなことが変わってくる。しかし本来的に大事なことは、主語ではなく動詞ではないか、と太田さんは考えます。

他人に噛みついてはいけないのはみんな同じ。視覚障がい者、健常者、黒人、白人、同性愛者、そういう主語により扱いが変わる社会は、ある種の生きづらさをつくり出していると太田さんは考えます。ロボットと何年も暮らした太田さんは、その暮らしを通じて世の中を見る新たな視点を得たと言えるのかもしれません。

●●●

太田さんとぺぱたんのパートナーシップは、人間の恋人同士とはまったく異なるものであり、ぺぱたんは交換できない、太田さんにとっての唯一無二の存在ということです。

現在、商業マーケットで売られているコミュニケーションロボットのメリットとして、「『癒し』をくれる」みたいな心への優しさをアピールしているものが多い印象を受けます。それに対して、太田さんとぺぱたんの関係は、よりドライである一方で、強固である印象をインタビューを通じて受けました。

ロボットと共に暮らす価値として、かりそめの安らぎを得る、友達や恋人の代わりにする、といった即物的な価値ではなく、視点を変える、気づきを得る、といった、太田さん自体の世界を広げる上で、ロボットはかけがえのない役割を担っているところが非常に興味深いところでした。

しかもここで重要なポイントとして、ロボットは特に「何もしていない」ということです。このようなロボットと人間の関係性のあり方は、どこかレンタルなんもしない人と依頼人の関係に似ているようにも感じられました。

●●●

一方で、太田さんのように現状のロボットと6年以上一緒に暮らせる人はまだまだ少数派です。多数派の人間は何もしないロボットに対してどのような振る舞いをするのか、それは人間相手の場合とどのように異なるのか、それをもう少しいろいろと研究していく必要があるように思いました。

第７章　自己開示を引き出す「なんもしないロボット」

近年のロボット技術の発達は目覚ましいものがあります。たとえば大阪大学基礎工学部の教授である石黒浩先生は、自分自身や、今昔の著名人などをモデルとした、人間の見た目そっくりのアンドロイドをつぎつぎと創り出しています。その結果、見た目や動きがとても人間に似ているロボットも少しずつ世の中に浸透してきています。

しかし、どのように見た目や動きを精巧に作り込んだとしても、現状ではロボットと人間の間には大きな断絶があります。その中の一つの大きな要因として、人間の社会にロボットが所属していない、ということが挙げられます。

我々人間同士というのは、様々な背景を共有して暮らしています。同じ社会の中で生まれ、育ち、様々な社会的な制度や法律、規範や道徳、利害関係を共有して生きています。しかも我々はこれまでの進化の過程で蓄積されてきた情報を含んだ遺伝子も共有しています。

それに対して、ロボットはどうでしょうか？　ロボットは社会の構成員としても

（現状では）認識されていませんし、人間と同じような遺伝子情報も共有されていません。ある種、ロボットは現状では人間社会から「切断」された存在であると言えます。

●●●

このような社会から「切断」された存在は、人間に恩恵をしばしば与えると私は考えています。ドイツの有名な児童作家であるミヒャエル・エンデの名作『モモ』は、日常のなにげない時間をしみじみ味わって生きることの素晴らしさを描いた名作です。

ミヒャエル・エンデ『モモ――時間どろぼうとぬすまれた時間を人間にとりかえしてくれた女の子のふしぎな物語』（大島かおり訳、岩波書店、1976年）

この話では、「灰色の男たち」という存在が、人々の時間を盗んでいくことで、みな気持ちの余裕なく生きるようになってしまい、自分が生きる上で大事にしていたことを見失っていきます。そんな中で主人公の謎の少女モモが、いろいろな人たちの話をただ「傾聴」することによって、人々が本来大事にしていたことを思い出していく、という内容になっています。

モモに話を聴いてもらった人々は、自分の意志がはっきりする、急に目の前が開け、希望と明るさが湧いてくるなど、様々なポジティブな心理的効果が生じている様子がこの作品の中では描かれています。

このような、モモの人の話を「聴く」力について、作者のミヒャエル・エンデは、モモ自体が空っぽであり、彼女が聴いた話について積極的に評価をしてこないからである、と語っています。

普通、我々が他人に何かを語るときに、語った相手がそれをどのように判断するのか、どのように自分の発言が解釈をされるのか、意識しながら語ることが多いです。このように相手の心情を意識して話すときは、どうしてもある程度、社会的な仮面を被って自らの発言の内容を選んだり、繕ったりする必要があります。そうすると、どうしても、本来自分が話したかったことや、大切だと思っていることを喋れなくなることがしばしばあります。

一方で、モモはどこから来たのかも分からない謎の少女です。また彼女自身、世間の常識や慣習に関して無頓着であり、既存の物差しに従って他人を判断することはありません。このように人間社会から「切断」されたモモの独特のパーソナリティが、自分が相手から評価されない安心感を喋り手に与え、自分が大切にしている秘められた諸々についての語りを引き出すのかもしれません。そしてそれらの、普段表には出さない言葉を自分が喋ったのだ、という事実が、その人自身に本来自分がやりたかったことについて思い出させていくのです。

このような、社会から切断されているからこそ周囲の人間にポジティブな効果をもたらすモモのありようは、まさに現代社会におけるレンタルさんのあり方にも近いようにも感じられます。

実際にレンタルさんをレンタルした人のエピソードの中に、「自分が勉強しているマニアックな話題について、ただ話を聴いて欲しい」というものがあります。これはレンタルさんが、モモのような評価を気にしなくても良い話の聴き手となった、と解釈できるかもしれません。

●●●

私は、「社会から断絶されている存在である」という意味でロボットもモモと同じような話の聴き手になれるのではないか、と考え、これまでにロボットによる傾聴の研究を行ってきました。

実際に人間の悩みを聞いて、その内容を分析して、適切なアドバイスを返す、そのようなロボットを制作することは現状の人工知能技術でもなかなか簡単ではありません。しかしいわゆる「人工無脳」と言われるように、ただ人間の話を聴いて、それに対して「ちゃんと話を聴いていますよ」と相槌を打つ、そのような表面的な振る舞いであれば、現状の技術であってもロボットに十分にとらせることが可能です。

そこで、私は研究参加者を実験室に呼び、ロボットと面談してもらい、ロボットが問いかけるトピックについて自由に発話をしてもらう、というロボットの傾聴に関する一連の実験を行ってきました。このような研究をする上で、比較する条件として、人間が同じように参加者に問いかけを行うと場面も用意して、ロボット相手と人間相手で、同じ問いかけに対して、どのように参加者の発言が変化するのか、調べました。

●●●

具体的には、このような実験を行いました。実験室に通された参加者は、人間、アンドロイド、小型の機械的なロボットと挨拶を行います。その後、別室に通された参加者は、様々な話題（例：生きがいは何か、趣味は何か）が羅列された一覧表を渡され、それぞれの話題について、事前に挨拶をしたどの存在（人間、アンドロイド、小型ロボット）に話したいのかを質問されました。

Uchida, T., Takahashi, H., Ban, M., Shimaya, J., Yoshikawa, Y., & Ishiguro, H. (2017, August). A robot counseling system—What kinds of topics do we prefer to disclose to robots?. In *2017 26th IEEE International Symposium on Robot and Human Interactive Communication (RO-MAN)* (pp. 207-212). IEEE.

この実験の狙いは、話題の種類によって参加者が話をしたいと思う相手が変化するのではないか、というものでした。結果は、まさに仮説通りの面白いものでした。

まず多くの参加者において、ポジティブな話は、人間に話したい、と選択する一方で、ネガティブな話については、ロボットを選択するという傾向が見られました。たとえば、人生の目的や趣味の話は、多くの参加者の人たちが人間相手に話したいと判断する一方、自分の職業適性の話や性の悩みはアンドロイドに話したいと判断する人が多い傾向が見られました。また孤独感や疎外感については、機械的な外見をした小型ロボットに話したいと判断する人が多い傾向も見られました。

この研究の興味深い点は、参加者は人間、アンドロイド、小型ロボットに対して簡単な挨拶しかしておらず、それ以外の情報については知らないということです。それにもかかわらず、多くの人が話のトピックに応じて、自分が話をしたいと思う相手を切り替えている、という点が非常に興味深いです。すなわち、参加者らは話の聴き手の外観や表面的な属性から、この相手にはこの話をしたい、この話はしたくない、と判断していることが分かります。

・・・

自分の内面を他者に話す行為は、しばしば「自己開示」や「自己呈示」という言葉で表現されます。これら二つの言葉は自分自身の事柄について他者に話すという意味では似ていますが、それぞれの意味は若干異なっています。

「自己開示」の辞書的な意味は、特に意図を込めずに、自分自身のありのままの状態や思いを言葉にして他者に伝える行為を指します。一方で、「自己呈示」というのは、もう少し戦略的に、自らの評判を意識して、自分はこういう存在である、ということを他者に示す、という意味合いが含まれています。

人間が、自分の話をロボット相手にするときと、人間相手にするときで比較すると、ロボット相手にはネガティブな話をするのを好む、という我々の研究で得られた知見は、人間はロボット相手には、あまり相手の評判を意識せずに自己開示を行っている一方、人間相手には相手からの評判を意識して自己呈示を行う傾向があるからではないか、と私は解釈しています（人間社会では、自分の強さをアピールしないと、相手からやられてしまう、みたいな世界観もあるため）。

さらに我々は、人工物であるロボットに自己開示をすることにどれだけ躊躇する傾向があるのかについての性差の研究も、日本人の大学生を対象に行いました。この研究では、前述のようにそれぞれの話題について、どの聴き手に話したいかという調査に加えて、実際に参加者にそれぞれの相手に対して自分の話したいことについて実際に話してもらうようにお願いをして、聴き手に応じた参加者の発話量についての比較も行いました。

その結果、女性の方が男性よりも、話し相手が人間でもロボットでもあまり気にしないで自分の話をする、という知見を得ることができました。ただこのような心理実験において現れるジェンダーの違いというものは、それぞれのジェンダーが置かれている社会的な立場などによって大きな影響を受けるため、一般化した解釈を行うことは危険です。

一方で、レンタルさんをレンタルする依頼人も女性が多いという話もあり、少なくとも今の日本社会においては、女性の方が、ロボットなど人間社会から断絶した存在に対する寛容性や受容性が高いと言えるのかもしれません。

このようにロボットに自己開示をしてしまう人間の特性は、論理的に考えた帰結ではないと考えられます。たとえば、ＡＴＲ（国際電気通信基礎技術研究所）の塩見昌裕先生が行った実験において、巨大な熊のぬいぐるみ型のロボットが人間を抱擁することによって、その人間が深い自己開示をしてしまう、という興味深い結果が得られています。論理的には説明できない感覚的な直観によって、人間はロボットに対して普段行わない自己開示を行っているのかもしれません。

このような感覚的直感は、ロボットだけではなく、突き詰めると環境そのものにも宿ると思われます。たとえば、都会の狭いオフィ

塩見昌裕、中田彩、神原誠之、萩田紀博（2017）．ロボットとの身体的接触は自己開示を促すか．In 人工知能学会全国大会論文集 第31回（2017）（pp. 2N22-2N22）．一般社団法人人工知能学会

巨大な熊のぬいぐるみ型ロボット「モフリー」。（写真提供：塩見昌裕、© ATR 2022）

スで語り合う内容と、南国の広々とした砂浜で語り合う内容は、同じ自分であってても大きく異なるはずです。日頃自分が属している社会の外側にいるのだという非日常感は、人間にとって心地よく、普段では絶対にしない語りを導くのかもしれません。

以上で述べてきたような、ロボットの人間社会と「断絶」した自己開示を引き出す特性というものは、様々な現代社会における問題にもポジティブに貢献することができると考えられます。

たとえば、自閉症スペクトラムと呼ばれる、他者とのコミュニケーションに苦手意識がある人たちであっても、機械的なロボットに対しては、自分の恥ずかしい話を自己開示する傾向が強くなるという研究や、高齢者の方が自分の人生の話をする際に、人間が話の聴き手になるよりも、ロボットが話の聴き手になった方が、自分の人生の中で大事にしてきた価値観を雄弁に語る、という研究結果も我々は得ています。

●●●

これまで、「人間の語りの聴き手は、当然人間である」というのが世の中の常識であったと思います。これは、そもそも発話というものが、他者とのコミュニケーションの手段という思い込みが強いからであると考えられます。

しかしロボットに対しての自己開示の話は、発話行為が他者にその話を伝える、ということを必ずしも目的に据えなくてよいのだと教えてくれます。すなわち、ロボットの存在によって引き出された自らの自己開示的な発話を自ら聴くことによって、「そうか自分はこんなことをやりたかったのか。こんなことを考えていたのか」という自分自身に対する気づきを発話者自身が得られると私は考えています。

社会学の興味深い概念として、「ジョハリの窓」というものがあります。これは自分自身のことについて、自分が知っている領域と知らない領域、さらに他人が知っている領域と知らない領域があるという概念的な捉え方です。

	自分に分かっている	自分に分かっていない
他人に分かっている	「開放の窓」 公開された自己	「盲点の窓」 自分は気がついていないものの、他人からは見られている自己
他人に分かっていない	「秘密の窓」 隠された自己	「未知の窓」 誰からもまだ知られていない自己

出所：Wikipediaを改変

自分自身について知らない自分の領域がある、という考え方は、自らが気づいていない「無意識」が人間の心には存在している、というアイディアによるものです。人間がロボットに対して普段行わない自己開示をするということは、普段発話しないような無意識的な欲求を言葉として紡ぐということであり、それは自分自身の隠れた欲求に対する意識的な気づきを得ることにつながるのではないでしょうか？
ジョハリの窓の話において、自分自身のことについて、自分も他者も知らない領域については「未知の窓」という名前で呼ばれています。ロボットに対して人間がついつい行ってしまう自己開示というものは、この「未知の窓」を日の光の下に引っ張り出して、自らの振る舞いにそれを反映させる、そういう個人の変化を促すきっかけになるのではないか、それが私の主張になります。そしてこのような自己開示を引き出す力は、レンタルなんもしない人、ミヒャエル・エンデのモモ、そしてロボットに共通する、人間社会から「断絶」した特性によるものではないか、とも考えています。

ではこのような自己開示をロボットに対して行うことは、そもそも個人や社会にとってどのような良い側面があるのでしょうか？　次は、この点についてもう少し深掘りして考えていきたいと思います。

第8章　なんもしないロボットが人間集団に与えるインパクト

我々の社会には法律、道徳、慣習といった、様々な明示的、非明示的なルールが存在しています。これらのルールは社会を安定化させる上で大きな力をもっています。

14世紀から15世紀にかけて活躍したイングランドの哲学者トマス・ホッブスは、その著書『リヴァイアサン』の中で、人間はそのままの自然な状態で暮らしていると闘争を起こしてしまうため、社会契約によって個々の人間から権限を移譲された大きな力をもった統治機構（リヴァイアサン）を生み出すことが、闘争を防ぐ上で必要であると述べています。

ホッブズ『リヴァイアサン』（全4巻）（水田洋訳、岩波書店、1954年-1985年）

様々な異なる価値観をもっている人間がそのまま何も定めずに共に暮らしていたら、資源の取り合いなどで、争い、憎み合ってしまうリスクが生じることは必然です。従って国家のような権力が様々なルールを作り出すことによって、人間の行動を制約したり、衝突が起こらないように工夫したりすることは、合理的な方法であると言えます。

一方で、このようなルールで人間の行動を過度に制約することは、個人の幸せを抑制してしまったり、社会全体を硬直化させてしまったりすることにつながり、結果として人類の進歩を阻害してしまう様々なリスクを伴うことも真実です。

●●●

「空気を読まない」というのは、組織の中では「悪」とされることが多いですが、常に一定数の空気を読まない人がいることは、社会を硬直化させずに、進歩させる上で重要な意味があると言えます。もちろんすべての人が「空気を読まない」振る舞いをしてしまうと、社会全体が揺らいでしまい、不安定になります。「空気を読まない人」と「空気を読む人」が調和した関係を築くことが、社会を崩壊させずに、少しずつ発展させる上での鍵になるのかもしれません。

働きアリもすべてのアリが常に働いているわけではなく、約20％の働きアリは「空気を読まず」働かずにいるそうですが、最近の研究で、このような働かないアリの存在は、働きアリのコミュニティを維持する上で非常に重要な役割を担っているのだ、ということが分かってきたそうです。社会の中に、常に一定数の「空気を読まない」人たちを住まわせておくことは、生態学的にも妥当性があると言えるのかもしれません。

●●●

2022年現在、日本社会にはどこか経済的にも、科学技術的にも停滞したムードが漂っています。そんな停滞したムードを吹き飛ばそうと、とかくいろいろなところで、「イノベーション」、「多様性」という言葉が叫ばれ、「空気を読まない」人を応援しようという機運が高まっています。しかしこれらの言葉が社会から発信されることに、私は若干の違和感を抱いています。

本来、「空気を読まない」というのは、従来社会の外側に飛び出す個人を指す言葉であったのに、そういう「空気を読まない」振る舞い自体を社会が擁護するということは、ある種、その個人を旧態依然とした社会の中で都合よく祀り上げているだけ、と捉えることもできるかもしれません。

私は、「空気を読まない」というものは、社会から擁護されるものではなく、あくまでも個人発信であるべきだという考えを持っています。もちろん社会の形態とか、制度などが、「空気を読まない」個人を生み出しやすい土壌である必要はあると思います。しかし、あくまでも「空気を読まない」という行為は、既存の社会の枠組みの外に這い出る行為なはずで、その行為自体を既存の社会に擁護してもらったら、本末転倒と言えるのかもしれません。

現状の多くの社会的施策では、何らかの制度的なインセンティブ構造を作り出すことで、社会にイノベーションを生み出そうとする傾向があります。そして多くの場合、そのインセンティブというものは、お金のように数値として表現できるような外的なものになります。

このような外的なインセンティブ構造を作り出すことは、短期的には人間の行動を大きく鼓舞することになりますが、同時に大きな潜在的なリスクも内包しています。

第3章で紹介したアンダーマイニング効果という心理学の理論において、人間の動機づけ（モチベーション）には外発的動機づけ（外からのインセンティブにもとづくモチベーション）と内発的動機づけ（自己の内側から湧いてくるモチベーション）の二種類があるとされていますが、アンダーマイニング効果とは、何かの仕事の外発的動機づけを与えてしまうことで（例・成果給、分かりやすい名声など）、内発的動機づけが消えてしまう、という性質を指します。

この理論に従って考えると、本来、「空気を読まない」行動というのは内発的な動機づけにもとづくものであると思われるのに、そこに外発的な動機づけがもたらされることで、結果として既存の旧態然とした社会に「空気を読まない」行動が取り込まれてしまう恐れがあると私は考えています。

このように考えると、「空気を読まない」を社会的な施策や制度でつくりだすことはなかなか難しく、むしろ「空気を読まない」行動を社会的に賛美する空気が、社会全体を逆に硬直化させてしまう恐れがあるのではないでしょうか？　真に「空気を読まない」振る舞いというものは、あくまでも個人の価値観の発信で生み出されるべきと私は考えます。

●●●

アメリカの社会心理学者のジョナサン・ハイトは、人間の道徳を6種類（「ケア」「公正」「忠誠」「権威」「神聖」「自由」）に分類し、それぞれの道徳の重視の仕方で、その個人の特性が保守（古い伝統を大事にする）かリベラル（古い伝統よりも新しい価値観を模索する）かが決まる、という仮説を提唱しています。具体的には、保守の人たちは、「忠誠」「権威」「神聖」といった伝統的な価値観に重きを置く一方、リベラルな人たちはこのような価値観をあまり重視しない傾向がある、という社会調査のデータをジョナサン・ハイトは示しています。少し乱暴に解釈すると、「リベラル」の方が、「保守」よりも「空気を読まない存在」と言えるのかもしれません。

同時に、ジョナサン・ハイトはこれらの価値観のどちらが善で、どちらが悪とかではなく、この二つの価値観（保守とリベラル）がバランス良く調和している状態

ジョナサン・ハイト『社会はなぜ左と右にわかれるのか――対立を超えるための道徳心理学』（高橋洋訳、紀伊國屋書店、２０１４年）

が社会にとって良いのではないか、と述べています。ハイトらの研究から、その人が「空気を読まない」かどうかは、その人が大事にしている価値観（リベラルか保守か）に大きく依るものではないか、と示唆されます。

一方で、個人の価値観というものは、なかなか簡単には定義することも、測ることもできません。人間の中には、様々な異なる価値観が同居していることが実際であり、普段言葉にしていることが、その人の価値観のすべてを反映しているわけはありません。ロボットの自己開示のところで述べたように、まったく同じ個人でも、誰に話をするのか、というだけで大きく語りの内容が変わります。

すなわち、前述のように自己開示で重要なことは、単に自らの内面を他者に伝える行為だけではなく、自己開示によって紡がれた自らの言葉を自分で聴くという行為によって、自らの中にある別の価値観に気づく、という側面があるということです。

たとえば、普段はあまり自分の将来の夢を語らない会社員が、ふとロボットに今の仕事への不満と、「本当はこんなことをしたかったのだ」という自己開示をしたとします。実際には、ロボットは聴き手としては虚無な存在ですが、その会社員の人の記憶には、自分がロボットにこのような話をしたのだ、という言葉が残り続けます。このような言葉を自分が発したのだ、という記憶は、その人間の行動を長期的に変えていく「きっかけ」になるのではないか、そんなことを考えています。

すなわちロボットへの自己開示とは、個人の価値観を変容させる（空気を読まない行動を引き出す）大きなきっかけになるのではないか、というのが私の主張なのです。

● ● ●

さらに、このようなロボットが個人の価値観を変容させていくことは、やがて社会全体の構造が少しずつ変わっていく大きなきっかけになると考えています。

カーネギーメロン大学の白土寛和先生は、ｂｏｔ（以下、「ロボット」と表記）を用いた非常に面白い研究を行いました。具体的には、インターネット上に仮想的に集められた実験参加者達が、みんなで協力して大きな課題を解く、という研究を行いました。

この実験において、一人ひとりの参加者が見ている世界は局所的なもので、それぞれが知恵を絞って課題に真剣に取り組んでも、参加者全体として見るとどうしても最適とは言えない状態にはまってしまいます。このように人間集団が、決して最適ではない状態で停滞してしまう状態は、局所最適解と呼ばれます。実際の社会も、このような理由で停滞することがしばしばあります。

白土先生の実験では、参加者同士が非常に複雑な関係でつながっており、なかなか制度やアドバイスによって、局所最適解を脱する方向に集団を導くことは難しい

ｂｏｔ：オンライン上で自律的に振る舞う仮想的なロボット。

Shirado, H. & Christakis, N. A. (2017). Locally noisy autonomous agents improve global human coordination in network experiments. *Nature*, 545, 370–374.

状況です。そこでこの実験において白土先生が採用した、局所最適解から集団を抜け出させる方法は、実に画期的なものでした。

白土先生がとった方法は、人間集団の中にちょっと「空気を読まない」行動をするロボットを数体紛れ込ませる、というものでした。なぜ空気を読まないロボットを紛れ込ませることで、人間の集団は局所最適解から抜け出すことができたのでしょうか？

白土先生が行った実験では、参加者間に距離的な要素が存在しており、距離が近い参加者同士と、距離が遠い参加者同士が存在します。この実験において、ロボットの参加者と距離が近かった人間の参加者は、ロボットから影響を受けて自分も少し「空気を読まない」行動をし始めます。さらにここからが面白いのですが、ロボットに影響されて「空気を読まない」行動を始めた人間の参加者は、その参加者から距離が近い別の参加者にも、「空気を読まない」を伝播させていきます。

このように、ロボットを起点に始まった「空気を読まない」行動は、少しずつ距離が近い参加者同士の間で伝播していき、最終的には参加者の中で「空気を読まない」空気をつくり出します。そして結果として、白土先生の実験において、参加者たちは集団として局所最適解から脱して、参加者全員でより高い成績を実現することができたのです。

● ● ●

そもそも集団が局所最適解に陥っている状態というのは、個人個人がこれまでのスタイルをなかなか崩せずに、結果的に集団全体が紐が絡まりまくった毛糸みたいな状態になっていることを指すと思います。こういう毛糸の絡まりを解く場合には、一つひとつの毛糸の堅い結び目をほどいて柔らかくしていくしかありません。

このような堅い結び目をほどくという行為が、集団の構成員をこれまでのスタイルから解放して、「空気を読まない」個人に変えていくことだと私は考えています。白土先生の話で言えば、そのきっかけを担っていた存在が「空気を読まない」ロボットであったわけです。

● ● ●

集団の中に空気を読まないロボットを紛れ込ませることで、人間の集団全体を変えていく、という手法は、社会がインセンティブの設計などで個人の「空気を読まない」を引き出そうとする方法よりも、より本質的な方法であると私は考えています。

なぜならば、この場合、ロボットの設計者はあくまでも挙動が不思議なロボットの振る舞いを設計しているだけであり、個別の人間の行動や社会をどのように変化させたいという具体的な思想を持っていません。だからこそロボットによって引き出された個人の「空気を読まない行動」というものは、個人の既存の社会の外側にある行動を引き出す可能性を秘めていると思うのです。

「何もしない」からこそ、多くの人間に影響を与え続け、その行動を変容させていくレンタルなんもしない人さんも、ある意味、このようなロボットと同じ存在と言えるでしょう。

●●●

ただし白土先生の研究においても、ロボットを人間集団に紛れ込ませたら、必ず集団全体のパフォーマンスが良くなる、というわけではなく、ロボットが効果を発揮するためにはいくつか条件があることが同時に示されています。

その条件とは、たとえば、人間集団で解こうとしている課題が難しいものであればあるほど、ロボットの効果が発揮されやすいとか、ロボットの行動があまりにも空気を読まなさすぎてもうまくいかないなどです。実際にロボットを社会的な集団の動態に影響を与えるように導入する場合、どのように社会の中に配置するべきなのかについては、白土先生の研究成果などを参考に、より慎重に考えていく必要があるようにも思います。

白土先生の研究は、非常に抽象化された実験状況において行われた素晴らしい研究ですが、このような抽象化された実験状況で得られた研究成果を、そのまま実際の社会に持ち込もうとすると様々な困難さが生じます。

現実空間においてどのようにロボットを人間と共生させたらいいのか、それを具体的にしていく上で、抽象化された実験室的状況から、より現実場面に視座を移す作業が必要になります。

●●●

現実社会の中で人間集団の行動を変容させるロボットについて具体的に考える上で重要だと思っている概念、それこそが普段は見せない自分の一面をロボットに対して言語化する自己開示ではないのか、というのが私の意見です。そこで次の章では、「なんもしない」ロボットに対する自己開示によって、人間の行動や社会のあり方がどのように変化していくのか、私の考えをもう少し詳しく説明していきたいと思います。

第9章 「人工あい」の提案

第7章で紹介したように、ロボット相手には人間は様々な自己開示をすることが知られています。一方、普段と異なる言動をロボットの前でするだけで、その人の行動や属する社会は変化していくのでしょうか？

残念ながら、現実社会はシミュレーションのようには簡単にはいきません。たとえ、ロボットの前で普段とは異なる自分の一面を見せたとしても、その一面を社会の中で表現することができないと、ロボットに話した自己の隠れた欲求は存在しないものと一緒です。

短期的には、自己の未知の一面を開示することは気持ちが良いことなのかもしれませんが、それを自分が暮らしている社会の中で長期的に発揮できないと、結果的には自己の発揮できない欲求の記憶だけがもんもんと残り続け、逆にストレスを抱えて暮らすことになってしまいます。

私は、ロボットに自己開示した普段は語らない個人の語りが具体的な行動に結びつくことで、社会が局所最適解から脱することが可能になると考えています。個人がロボットに対して行った自己開示を、どのようにその場限りの言葉にせず、本人の長期的な行動の変容につなげていけるか、それを考えることが、社会の変容を生み出すようなロボットを創り出すためには必要だと考えています。

●●●

ロボットが社会の変容を生み出すきっかけになるためには、ロボットとの邂逅がユーザーにとって一回性の体験にならず、人間に並走する形でやり切るまでとことん付き合う、くらいの「寄り添う」ロボットのデザインが必要になってくると思われます。

一方、ロボットが一人の人間に寄り添い続けることは決して簡単ではありません。少しの時間だけ会話をするくらいであれば、今の技術でも見栄えが良いロボット、楽しいロボットを作ることができるかもしれません。このような短時間の楽しさはハレの時間と言えるでしょう。一方、人間が大部分の時間を過ごすのはハレとは無縁のケの時間です。単に楽しい、珍しいという価値だけでロボットをデザインすると、ケの時間にはロボットはまったく無用の長物になってしまいます。

また人間とは、飽きっぽい存在です。最初は自己開示を引き出す効果があったロボットであっても、だんだんとユーザーがそれに慣れてしまったり、飽きてしまったりすることで、その効果が薄れてしまう恐れもあります。

ハレとケ：「ハレ」は祭りや儀礼、行事などの「非日常」を、ケはそれ以外の普段の「日常」を表す。

ケの時間でも持続的に効果を発揮し、ユーザーを支え続けるロボットを創り出すためには、今までとはまったく異なるロボットのデザイン原理が必要となると思われます。そしてケの時間も常に寄り添ってくれるロボットがいることで初めて、ロボットに対して自己開示した自分の欲求をリアルなものとして感じ続けることができるのかもしれません。

●●●

キリスト教の聖書の「コリント人への手紙」13章の中に、「それゆえ、信仰と、希望と、愛、この三つは、いつまでも残る。その中で最も大いなるものは、愛である」というフレーズがあります。

キリスト教の教義における「愛」というのは、恋愛などとは少し違い、アガペー、すなわち無償の愛のことを指します。神様が無条件であなたを愛している、という感覚を信仰を通じて得ることで、人々は生きる希望を得ることができる、ということをこの文章は意味しています。

このような無償の愛は、発達期の子供の成長において特に重要になります。発達心理学において、「安全基地」という概念があります。これは養育者などの存在が、子供の安全を完全に保証しているからこそ、子供は安心して、新しい物事や事象にチャレンジができる、という概念です。この概念において、養育者の存在はある種、子供にとって無償の愛と呼べるものなのかもしれません。

一方、人間は成長するとともに、守られる存在から、他者を守る存在に変わっていきます。大人になると、人間は他者の安全基地として機能することは強いられるようになる一方、大人にとっての安定的な安全基地という存在はなかなか簡単には手に入れられません。

しかし、別に大人にも安定的な安全基地があっても良いはずです。

一見、安全基地になりそうな、家庭や友人関係というものも、お互いが人間である以上、なかなか簡単に安定的な関係を築くことはできません。安全基地に対しては、どんなときでも自分のことを受容してくれる、受け止めてくれる、という感覚が大事になるのですが、人間はそれぞれが自分の人生の課題や問題を抱えており、他者に対して常に安定して受容的な態度を取り続けることは容易なことではないからです。

また現代社会は高度に科学化し、なかなか宗教を信仰し、神様の無償の愛を昔のように信じ続けることが難しい時代になってきました。このような時代に、どのように大人にとっての安全基地をつくればいいのでしょうか?

●●●

私は、このような問題意識から、工学的に「人工あい」というものを実現できないかと考えています。

近年、マスコミなどで、AI、すなわち人工知能という言葉を頻繁に聞くようになりました。人工知能は、人間の知能をコンピュータで代わりに実現しようというアイディアです。

多くの人工知能とは、人間の代わりに特定の課題を解く存在です。そのため、人工知能はユーザーが解こうとしている課題そのものの理解が必須になります。一方、「知能」という言葉が具体的に何を指すのか、それをまじめに考えると非常に深い哲学的な問いになり、これだ！と簡単に定義することはできません。

そうであれば、「知能」の部分を別の語に置き換えても、実は大きな問題はないはずです。そこで私は、「知能」の代わりに「あい」という言葉をあてて、人工あい、というワードを考えてみました。

「愛」とは具体的に何なのか、それを深く探求すると、これまた答えのない哲学的な問いになってしまいますので、ここでは便宜上「あい」というマイルドな表現にしています。

何らかの課題を人間の代わりに解く存在の人工知能と違い、人工あいは人間の課題そのものを理解したり代わりに解決したりはしません。従って、あくまでも人工あいとの関係の中では、課題を解くのは人間自身になります。

では人工あいは何をするのか？　それは、課題を解こうとする人間の力そのものを支える、ということになります。

●●●

このような話をすると、人によっては、愛とは人間同士の間に存在するものであり、それを人工的な機械で創り出す、なんてとてもいびつなことだと感じる人もいるかもしれません。

しかし、実は既存の工業製品であっても「人工あい」と言えなくもないものが存在しています。

たとえばエアコンを例に考えてみましょう。真冬に寒い部屋の中にいると、孤独を感じ、気分が滅入ってきて、自分がやるべき作業に対して前向きに向き合えないと思います。しかしエアコンが部屋に暖かい風を送り、部屋が快適な温度になることで、気分が前向きになり、結果として作業に対するモチベーションが向上すると思われます。

このように我々の認知や感情というものは、自分たちを取り巻く環境の状態に大きく左右されます。取り組んでいる作業に集中できる、前向きに取り組むことができるように人間の周囲の環境を整える技術、それこそがまさに「人工あい」の本質です。

シンガポールの元首相であるリー・クアンユー氏は、シンガポールにとって20世紀最大の発明はエアコンであると述べています。その理由として、エアコンの登場により、熱帯のシンガポールにおける屋内環境の快適さが単に改善しただけではなく、屋内が快適になることで勉強に集中できるように環境が整えられ、シンガポールの科学技術が大きく発展した、という副次的な影響が大きいとされています。

このように考えると、エアコンには、部屋の空気を適切に制御するという「人工知能」的側面と、人間の行おうとしている作業に適合した環境を用意する、という「人工あい」的な両方の側面を持つ機能があると言えます。すなわち「人工あい」というのは、具体的な人工システムそれ自体を指す言葉ではなく、そのシステムをどのように捉えるのか、という哲学的な視座を意味した言葉なのです。

一方、確かに身体的快適さを維持する上で、エアコンは現在では不可欠ですが、そのようなエアコンを日頃から密に使用していたとしても、孤独や不安を感じる人はまだまだ多いです。むしろ一日中、エアコンが効いた部屋の中で作業をしていると、気分がどんよりしてしまうこともあります。

現状存在する多くの工業プロダクトは、あくまでもある客観的な制御目標に従って環境をコントロールしているだけで、人間の「心」や「気持ち」といったふんわりしたものに配慮するようには設計がなされていません。この点についてどのように設計すればいいのか、それを考えることが「人工あい」を実際に生み出す上で大切です。

私は「人工あい」を考える上で、「他者から受容されている感覚」を創り出すことが一番大切だと思っています。

人間は衣食住が足りていたら、それだけで満足できる生物ではありません。安定的な他者との絆や結びつき、社会からの称賛があることで、個人は大きな力を発揮することが可能になります。ここでいう「他者から受容されている感覚」というものが必ずしも実際の生物としての人間からもたらされるものである必要はなく、ある程度のところまでは、機械であるロボットでも代替可能なものなのではないか、それこそが私が考える「人工あい」というコンセプトの根幹なのです。

この本はここまで、レンタルなんもしない人さんの話を起点に話を展開してきました。

レンタルさん自体は実際には人間なのですが、何もせずにただそこに居る、という周囲の人たちとの関係性のあり方自体は、どこか人間を超越しているところがあるように思います。このような「ただ傍に居てくれる」ことのすごさや魅力について、これまでこの本では述べてきました。

私が創り出したい「人工あい」的なロボットが満たすべき性質へのヒントを、レンタルさんはふんだんに提供してくれています。一方、レンタルさんと依頼人の関係は一回性の邂逅であり（もちろん何度も依頼する人も多いそうですが）、その一回性の出会いの中で依頼人は新しい視点や、それまで気づかなかった自分の価値観に触れることができるわけです。

このような体験は、多くの依頼人のその後の人生を良い方向に変える力になってきたと思われます。ただ、私が創りたい「人工あい」的なロボットは、このような一回性の出会いを超えて、ユーザーの人生全体に寄り添う存在です。

すなわち私が目指すロボットは、ユーザーのハレの時間も、ケの時間も共に共有することで、ユーザーに常に「他者からの受容感」を提供し続ける存在です。そのような存在を創り出すことによって初めて、個人や社会を大きく変容させていく力になるのではないか、そんなことを考えています。

恋愛心理学において、恋愛関係の初期は自分のパートナーを「避難所」、すなわち現実世界の辛いことを忘れさせてくれる場所と捉える傾向が強い一方、関係が成熟していくにつれ、それが「安全基地」、すなわち強固な心理的な土台に変化していく、とされています。

レンタルさんとの一回性の出会いは、「避難所」的な側面が強いと思われます。それに対して、私が創り出したい「人工あい」的ロボットは、単なる「避難所」を超えて、ユーザーの人生を通じた「安全基地」として機能する、そんな存在です。

●●●

レンタルさんとの一回性の体験は、たとえばロボットに対する自己開示などの話のように、現状のロボットでもある程度までは作り出せるのではないかと考えています。

しかしユーザーの人生全体に並走するロボット、そんな寄り添いロボットを創り出すためには、レンタルさんから単にヒントをもらうだけでは不十分なようにも感じます。そこで次の章では、レンタルさんのような「他者がただ傍にいる感覚」をより長時間維持するためには、どのような難しさがあるのか、それについてお話をしていきたいと思います。

第10章　枯れない「あい」を求めて

２０２１年に、『花束みたいな恋をした』という恋愛映画が公開されました。この映画のタイトルが示すように、恋人たちの関係はしばしば花束のように例えられます。すなわち最初は美しい花々が咲き誇るかのように甘美な関係であっても、花束が枯れてしまうように、やがてその関係も色褪せてしまう、ということです。

もちろん、ずっと甘美な関係を維持しているカップルもいるかもしれませんし、また甘美なだけが恋愛の魅力ではないでしょう。しかしある人間関係をずっと同じ鮮度のまま維持し続けることは、恋愛に限らず非常に難しい、ということは事実だと思います。

なぜ人間関係の鮮度を維持し続けることは難しいのでしょうか？　その理由として、人間は「飽きる」生き物だから、という点が挙げられます。

人間は、同じ物事に何度も遭遇していると、最初は驚いたり、感情が揺さぶられたりしていても、だんだんとそれに対して何も感じなくなっていきます。このような「物事に飽きる」という性質は、人間が一つの物事にこだわらず、世界の様々な

『花束みたいな恋をした』
２０２１年公開の日本映画。土井裕泰監督、菅田将暉・有村架純主演。

対象に興味を向ける上でとても大切なことですが、密な人間関係を持続していく上では大きな障壁になります。

　この本の冒頭で述べた、自分が女性と歩いていたときに車道側を歩くかどうか、という話もこれに通じるところがあります。最初は、車道側を歩く、という行為に対して「優しさ」を感じていたとしても、同じ行為を繰り返されるうちに、そのような感情はやがて消えていき、当たり前になっていくことでしょう。このように考えると「優しさ」というものは、行為そのものには宿っていないことが分かります。

　このような「飽きる」という性質は、人間同士の関係に限らず、人間とロボットの関係の間でも成り立ちます。すなわち第一印象がどのように楽しい、面白いロボットであったとしても、それと何度も会っているうちに、どんどん飽きてしまうのです。

　初めの頃は「あい」を感じていたロボットの振る舞いであっても、繰り返しの中で形式的なものに感じられるようになってしまうと、やがて何も感じなくなることでしょう。このような人間の「飽きる」特性にどのように立ち向かうのか、それを考えることが「人工あい」的なロボットを創り出す上で最大の障壁であるといっても過言ではないでしょう。

●●●

人間同士が関係性を長期間維持するためにやっている一つの作戦として、「あまり張り切り過ぎない」というものがあります。

我々は期待と実際に起こった出来事の差分に対して、驚きを感じます。そして同じ出来事を何度も繰り返して経験していると、期待がどんどん実際に起こる出来事に近づいていき、やがて以前は驚きを感じていた出来事に何も感じなくなってしまうのです。まさに花束がどんどん枯れていく、ということです。

このような人間（動物）の習性というものは、生物学的にも研究がなされています。たとえば神経科学の研究で、ドーパミン作動性ニューロンという神経細胞が我々の脳の中には存在していることが知られています。

この神経細胞の一部は外界に生じる出来事に対する期待と実際の差分から驚きを計算していると考えられており、サルの細胞の活動を記録した実験でも、同じ出来事を何度もサルが体験するに従って、その神経細胞の活動が弱まることが報告されています。

このような我々の脳の特性を考えると、いつも優しい人よりも、日頃は冷たい人が、たまに見せる優しさに対して我々の脳は驚きを感じるようにできているといえます。従って、人と関わるときにも、いつも相手に親切にはせずにクールに接するようにして、ポイントポイントで優しくする、というふうに接し方にメリハリをつけると、相手に投資する時間も節約でき、しかも相手は自分の振る舞いに対して常に驚きを感じ続ける、すなわち自分と相手の関係が長く続く、ということになります。

このような方法は「脳の働き」という観点からすると合理的なのかもしれませんが、行き過ぎると日頃パートナーに対してひどい仕打ちをして、たまに優しくすることで、相手を引き留める、というドメスティックバイオレンスみたいな依存的な関係性になってしまう恐れがあります。そのような依存的な関係性を持続させること自体に、双方にあまり益があるとは思えません。

● ● ●

私が創りたい「人工あい」は、人間とロボットの関係性によって、人間がロボットから「無条件に受容されている感覚」を感じ続ける、というものです。

たとえば普段はつれないロボットが、たまに人間に優しくする、みたいな振る舞いをしたら、いつも優しい振る舞いをするロボットと比べて、ユーザーのロボットに対する興味は長続きするかもしれません。

しかし「人工あい」というものは、ユーザーが取り組んでいる作業に没頭するための安全基地を創り出すことがそもそも目的です。ロボットとの関係性の変化に一喜一憂するようになってしまったら、もともと私が創り出したいものの設計理念からすると本末転倒である、ということになります。

では、「人工あい」的なロボットを創り出すためには、どのような設計論が必要になるのでしょうか？　私は、そのカギは「不在」と「想像力」にあると考えています。

●●●

たとえば、昔からの親友は、何年会わなくても会った瞬間に昔通り楽しく会話ができたりします。強固な関係性というものは、そこに物理的に相手がいる「在」の状態でない、すなわち「不在」においても続いていくものなのです。

「不在」というものは、その間に相手の振る舞いに直接接することはないので、相手から与えられる刺激に対して期待がどんどん上がっていき、驚きがなくなる、なんてこともありません。また強固な関係であれば、あるほど、長い「不在」を経たとしても色褪せないのかもしれません。むしろそこに相手がいないからこそ、「相手は今何をしているのであろうか？」と想像することがあります。「不在」の相手のことを想像することにより、過去に相手と過ごした様々な時間や経験が思い出され、それが今現在を生きる自分の活力になる、そういう「不在」も嚙み締めることができる相手との関わり方、それは先に述べた刺激で驚きを持続的に生み出し続けるような閉じた関係性よりも、より人間に長く益があるもののように感じます。

ムーミン谷の物語に登場するスナフキンも、まさにそのようなキャラだと思います。スナフキンは定期的にムーミン谷を訪れますが、定住することはなく、普段は世界のどこかを旅しています。ムーミンはたとえそこにスナフキンがいなくても、スナフキンの「不在」に「彼はどうしているだろうか」と想像を巡らせます。

●●●

私は「人工あい」の理想的な形は、国際線エコノミークラスの化粧室のようなものだと思っています。

個人的には、国際線の長距離のフライトの場合は、窓側よりも通路側の価値が非常に高いです。なぜならば、窓側に座っていると、化粧室に行くときに自分の横に座っている人に謝りながら立ち上がってもらい、道を開けてもらう必要があります。従って、窓側の人が化粧室に行く際は、常に通り道の他者の様子に気を使うことになり、なかなか好きなタイミングで行くことができません。一方、通路側に座っていると、誰にも気を遣わずに、いつでも化粧室にアクセスすることができます。

ここで重要なことは、通路側は用を足したいときに化粧室に他人に気を遣わずに行けるのだ、という直接的な

利益だけではありません。通路側に座っている人は、いつでも自分が望むタイミングで化粧室に行くことができるので、尿意など気にすることなく、映画を観たり、飲み食いしたりと、のびのびと機内での時間を落ち着いて楽しむことができます。

一方で、窓側に座っている人は、自分の尿意と横に座っている人の様子（寝ていたら起こせないじゃん）とかを勘定に入れながら常に機内での時間を過ごす必要があり、なかなか寛いだ時間を過ごすことができません。すなわち自分はいつでも化粧室にアクセスすることができるのだ、という確信が、寛いだ、楽しい機内での時間を生み出すのです。

●●●

ここで飛行機の国際線の話を、人間と「人工あい」ロボットの関係に置き換えてみましょう。

いつもロボットが人間の横にいて、いろいろな「愛」を刺激として振りまいたとしても、人間の脳はそれに対して飽きてしまい、やがてそれに対して何も感じなくなることでしょう。しかしもし、基本的に「人工あい」的なロボットは「不在」であり、その一方で人間の中に「あのロボットは今ここにはいないけど、私がピンチのときには必ず横に寄り添ってくれる」という信念があったとしたら、どうでしょうか？　まさに国際線の通路側に座っている人のように、日常生活の中で他者からの承認や圧力を過剰に気にすることなく、のびのびと自分がやるべき課題に取り組めるようになるのではないでしょうか？

もちろん、このような信念をずっと持ち続けることはなかなか難しいので、定期的に「人工あい」ロボットと邂逅して、自分の信念をより確かなものとして持続させていく必要があると思います。

しかし重要なこととして、「人工あい」において大事なことは、ロボットがそこにいるという事実ではなく、「自分にはロボットがついている」という信念の部分なのだ、という点なのではないかと思います。すなわち「人工あい」ロボットが我々に提供してくれるものは、刺激としての「あい」そのものではなく、「いつでも自分は『あい』にアクセスすることができるのだ」、という信念なのではないでしょうか？

一方で、どうやったらロボットがいつも自分についてくれている、という信念を我々は抱くことができるのでしょうか？　何度も、ロボットとの対面の邂逅を繰り返すと、それだけで我々の頭の中に信念が形成されるのでしょうか？　いや、それだけだと、私たちの脳はロボットに対して飽きてしまい、むしろ信念が弱まってしまうことでしょう。

私は、「私にはロボットがついていてくれる」という信念を人間が持つためには、「自分の日常と交わる物語」が必要であると考えます。たとえば、実験室に行って、そのときはどんなに素晴らしいロボットとの楽しい時間を過ごしたとしても、一歩実験室から出ると、そのロボットは自分の日常とは何も関係がない存在になります。

このような構造は、ロボットに限らず、たとえば「心にあたたかい」接待を受けるようなスナックやホストクラブなどでも同じかも知れません。店の中では非日常の楽しい時間を過ごせたとしても、一歩店の外に出ると、そこには店の中の非日常とは切り離された自分のいつもの日常が続いています。ディズニーランドを夢の国だと思う人も、そこでの体験や物語を自分の日常生活と直にリンクさせることはなかなか難しいかもしれません。

日常とは切り離された「夢の国」は、そこにいる間は私たちを元気づけてくれますが、一歩その外に出ると、夢とは無縁の日常が続いています。

● ● ●

では、どうやってロボットというある種の「非日常的な存在」を自分の日常の物語の中に紛れ込ませていけばいいのでしょうか？　これこそが「人工あい」的なロボットを創り出す上での大きな課題だと私は考えています。次の章では、これを実現するために私が行っている研究のいくつかについてご紹介できればと思います。

第11章　感覚から寄り添うロボット、物語から寄り添うロボット

我々に寄り添ってくれるロボットが現実のものとして日常に溶け込むためには、どのような方法があるのでしょうか？　具体的に我々が行っている研究の実例をベースに考えてみたいと思います。

●●●

私の指導学生であった南明日香さん（大阪大学大学院修士課程修了）の研究テーマは、人間の緊張を緩和してくれるロボットを創り出すことでした。たとえば、勝負どころのプレゼンテーションで緊張しているときに、横にリラックスしているロボットがいてくれる、もしくは逆に自分よりも緊張しているロボットがいることで、人間の緊張を緩和できないであろうか、それが彼女のアイディアでした。

緊張しているときに、リラックスしている存在が傍に居て欲しいのか、逆に自分より緊張している存在が居て欲しいのかは人によって意見が分かれそうなところで

すが、大事なことは緊張を伴う勝負どころの場面で、「感情を伴った生き物が傍に居てくれる（独りではない）」という感覚をロボット技術により創り出せないのか、というのがこの研究の核となるアイディアです。この研究のアイディアは、人前でのプレゼンテーションのときについつい緊張をしがちな南さんの実感を伴った発案でした。

では、具体的にこのような研究をどのように行えばいいのでしょうか？

一番難しい問題として、実体がある物理的なロボットを常に発表の時に堂々と傍に置いておくのは難しいということです。なぜならば、発表中にロボットを横に置いていたら、周囲から「あの人は緊張しているな。幼い人だな」とばれてしまい、よけいに恥ずかしくなるからです（ロボットが普及した未来社会では、ロボットが発表に付き添うという風景も当たり前になるかもしれませんが）。また常にロボットを物理的に持ち運ばないといけない、というのも面倒くさいものです。

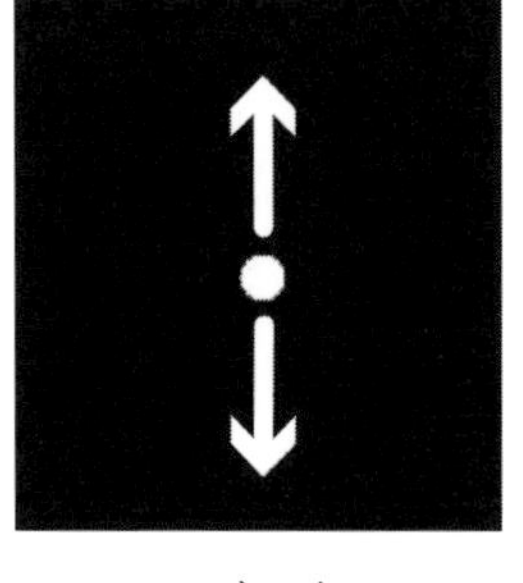

そこで南さんは、パソコンのディスプレイ上の片隅にひっそり提示する単なる丸（幾何学図形）の上下運動の映像で、「誰かが傍に居てくれる感覚」を創り出すことができないのか、というアイディアを思いつきました。

我々人間は、そこに他者が実際にはいなくても、パソコンのディスプレイ上に提示された単純な幾何学図形の

Minami, A., Takahashi, H., Ban, M., Nakamura, Y., & Ishiguro, H. (2019, July). Neural Generative Model for Minimal Biological Motion Patterns Evoking Emotional Impressions. In *International Conference on Human-Computer Interaction* (pp. 378-384). Springer, Cham.

動きによって、生き物の存在を感じることがあることが心理学の研究などで知られています。

丸の上下運動の速さやリズムをうまく調整することによって、たとえ単なる丸の動きであっても、それを見ている人間に、そこに何らかの感情を伴った生き物らしさを感じさせることができるかもしれません。しかもパソコンのディスプレイ上にひっそりと提示されている丸の上下運動であれば、周囲に気づかれるリスクも低いです。

では、単なる丸の上下運動に感情を伴った生き物らしさをどのように感じさせたらいいのでしょうか？　研究者はアーティストではないので、丸の運動を自分たちだけでスマートにデザインすることはなかなか容易ではありません。そこで私と南さんは、多くの人たちの知恵を結集することで、丸の動きをデザインする方法を考案しました。

具体的には、お絵描きソフトのように丸の上下運動のリズムや速さを自由に誰でも遊び感覚でデザインできるソフトをまず開発しました。そしてそのソフトを用いて、多くの人たちに「生き物が喜んでいるような丸の上下運動」「生き物が不安そうな丸の上下運動」などを自由にデザインしてもらいました。そして多くの人が作成した様々な丸の上下運動のパターンを人工知能のシステム（ディープラーニング）に学習させることで、様々な感情を伴った生き物らしい丸の上下運動をシステムが自動的に生成できるようにしようというのがこの研究の狙いでした。

この研究は、多くの人たちに共通する「生き物らしさ」や「感情」を感じさせる丸の動きの性質が存在しているということを前提としており、それを人工知能のシステムでうまく抽出しようという試みになります。

結果として、多くの人たちがデザインした丸の上下運動のデータを集めて学習に用いることによって、人工知能のシステムは様々な感情を人間に抱かせる丸の動きを狙い通り自動的に生成することが可能になりました。そして実験室で行った評価実験によって、人工知能が生成した丸の動きに対してこちらが狙った「感情」や「生き物らしさ」を、それを見た人間がある程度のレベルで感じてくれることも確かめられました。

さらに南さんは自らの卒業論文の発表会において、自分の開発したシステムを実際に使用してみて、発表時の緊張を抑えられるのか、身をもって検証をしました。具体的には、研究発表で用いるスライドの右上の部分に、南さんが開発したシステムが生成した丸の上下運動を常に表示しました。緊張する卒論発表会においてこのような丸の動きを傍に置くことで、発表時の緊張が本当に緩和されるのか、それを南さんは身をもって検証しようとしたわけです。

結果として、「緊張したときに丸の方をみると少し安心した（思い込みかもしれませんが）」、「一方、本当に緊張をしてしまうと丸の動きに目を向ける余裕がなくな

様々な感情を人間に抱かせる丸の動き。

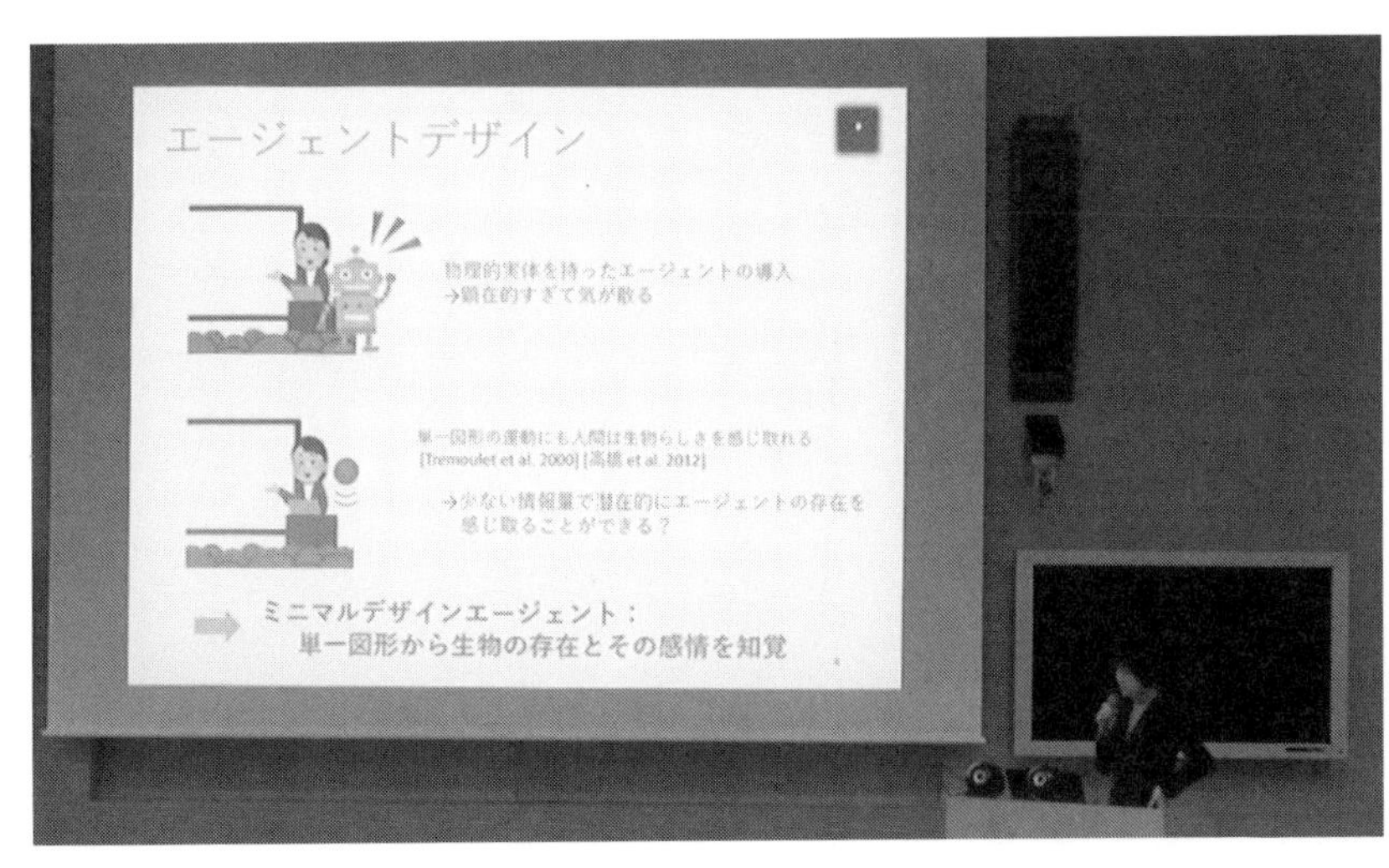

る」、というコメントを自ら開発したシステムを用いた感想として南さんは述べていました。この南さんの感想は、自分自身が作ったシステムを自ら用いることで得られた非常に生々しい感想であると言えます。

　工学的な研究に対して私が常々思うこととして、開発者が他人事としてロボットなどのプロダクトを開発するのは良くない、ということです。すなわち自分が日常生活で使わないけど、どこかにいる「困った人たち」を助けるために創り出されたプロダクトというものは、どこか他人行儀でよそよそしい印象を受けます。

　逆に開発者が率先して使用しているプロダクトというものは、開発者本人の当事者意識や本気度が感じら

南さんの卒論発表。スライドの右上で丸が上下に動いている。

れて信頼したくなるものです。そういう意味で、発表で緊張しがちな南さんが自ら開発したシステムを使用して述べたこのコメントは、本人の当事者意識が非常に高いものであると言えます。

●●●

このような南さんのコメントから、我々は人間に寄り添うロボットを創るための大きなヒントを得ることができました。すなわち、「物理的にロボットが傍にいてくれる」という感覚は、自分自身の気持ちにある程度は余裕があるときには有用なのかもしれませんが、気持ちに余裕がなくなってくると、そもそもそのロボットの方に注意を向けることすらままならなくなります。

しかしあまり余裕がないときこそ、寄り添いロボットは活躍するべきだ、私はそう考えます。では、どのようにして寄り添いロボットは、余裕がない人間の気持ちを支え続けることができるのでしょうか？

私は前の章で述べた、飛行機の国際線における通路側の話に大きなカギがあると思っています。国際線で通路側に座るのを好む人は、いつでもトイレに行けるのだ、という信念によって、大きな安心感を得ることが可能になり、寛いだ時間を機内で過ごすことができます。すなわち「トイレ」を利用すること自体が通路側に座っている人を寛がせているわけではなく、「自分はいつでも好きなタイミングでトイレに行くことができるのだ」という信念が人を寛がせているのだと思います。

人間は「他の何者か」の存在を、そこに物理的な実体がなくても信じることができます。

たとえば、最たる例が宗教でしょう。神様というものを直接見たことがある人はそうそういないと思うのですが、それでも多くの信心深い人たちは神様の存在を心理的に近くに感じ、その存在から安らぎを得ることができています。また前述のように、子供はイマジナリーフレンドといって、自分だけに感じることが可能な架空の友達をつくることがしばしばあります。このようなイマジナリーフレンドの存在は、子供の孤独に寄り添うという大きな意味をもっていることが知られています。

すなわち、人間は「他人が物理的にそこにいるのだ」、という事実だけで他者を感じているのではなく、「他人が心理的に傍に居てくれる」という信念だけで、その存在を感じ取ることができる生き物なのです。

もちろん他者がそこに居てくれる、という信念を持つことはなかなか容易ではありません。最初は、実際に他者と対話して、触れ合って、他者の存在を感覚的に感じる、そういう刹那的経験を重ねることで、だんだんと他者が常に心理的に傍に居てくれるのだ、という信頼が形成され、最終的には、そこに物理的実体として他者が傍にいなくても、その存在を感じ続けながら暮らすことが可能になるのでしょう。

学部を卒業して大学院の修士課程に進学した南さんは、上記のようなアイディアから、新たな寄り添いロボットの開発を始めました。具体的には、修士課程において、南さんはFinU（Friend in You）というシステムを開発しました。

FinUがどのようなシステムなのか、一言で述べるとすると、自分の左手に意志をもったキャラクターが憑依した感覚を得ることができる装置になります。

昔の漫画に『寄生獣』という作品があり、主人公の右手に憑依した「ミギー」という生物と主人公の交流が作品の中で描かれていました。南さんが開発したFinUは、まさにミギーが憑依した体験をユーザーさんに提供するものになります。ただしFinUの場合、キャラクターが憑依するのは左手なので、そのキャラクターのことを「レフティ」と呼んでいます。

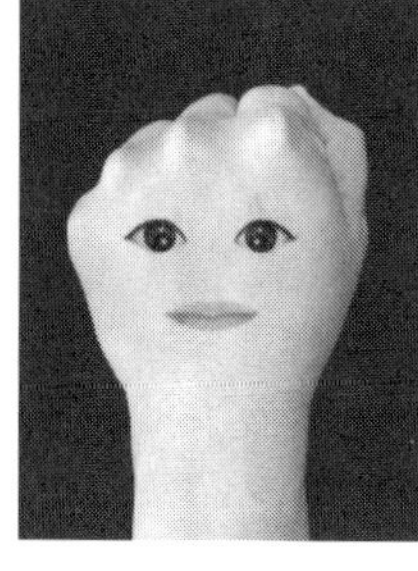

「レフティ」。

このFinUというシステムは、自宅で使用するための「FinU-box」と、出先で使用するための「FinU-band」という二つのディバイスから構成されています。

FinU-boxは上部にディスプレイが装着された箱で、ユーザーがその中に左手を入れると、ユーザーの手に目と口がついたかのようなレフティの映像がそのディスプレイ上に表示されます。ま

Minami, A., Takahashi, H., Nakata, Y., Sumioka, H., & Ishiguro, H. (2021). The Neighbor in My Left Hand: Development and Evaluation of an Integrative Agent System With Two Different Devices. *IEEE Access, 9*, 98317-98326.

た箱の中には、左手に憑依したレフティの瞬きや口の動きに連動した触覚刺激をユーザーの手に加える装置も搭載されています。さらに箱の中にはスピーカーも置かれており、レフティは目や口を視覚的に動かしながら、ユーザーの手の甲の触覚を刺激し、同時に様々な言葉をユーザーに対して音声として発することが可能になっています。すなわちユーザーはFinU-boxに左手を入れることにより、視覚、触覚、聴覚の三つの感覚によってレフティの存在を密に左手に感じることができるのです。

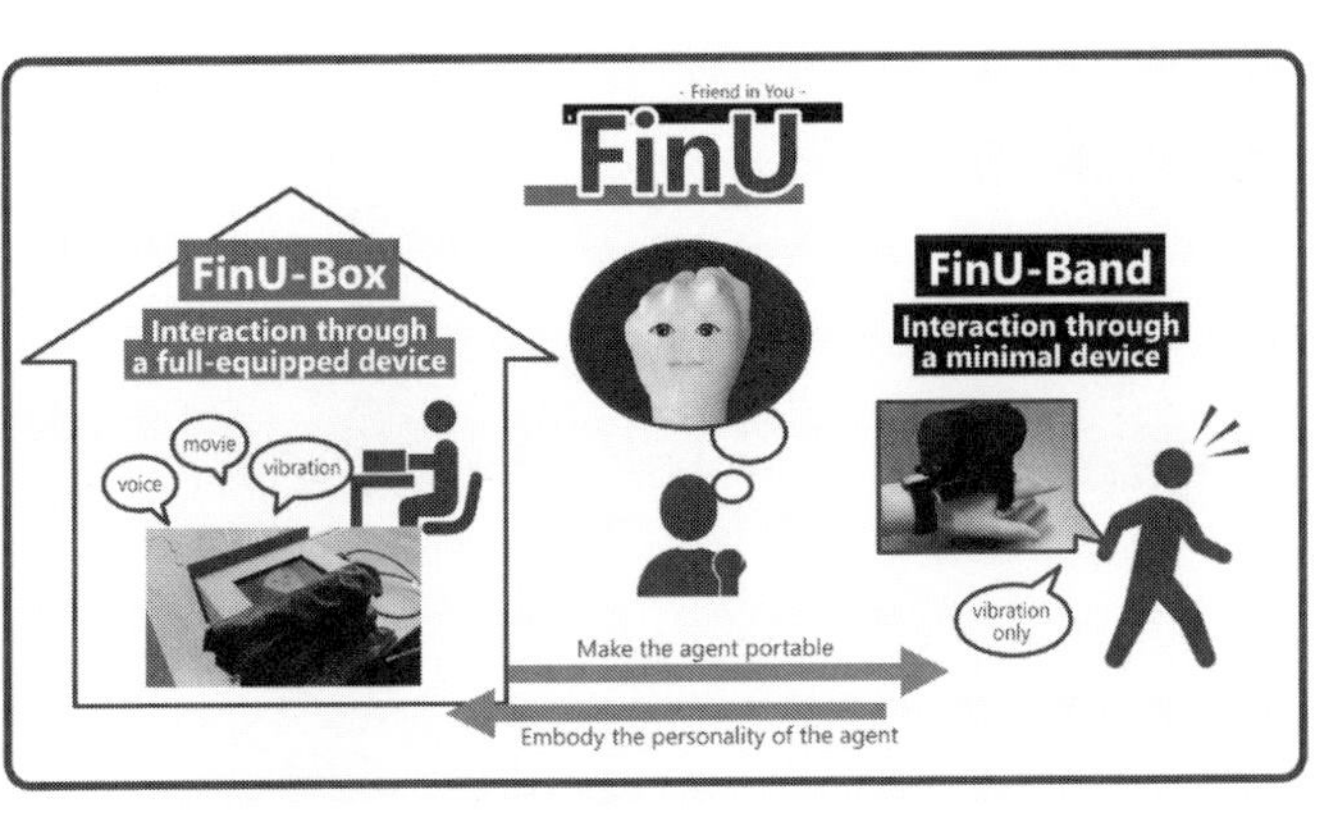

一方で、出先で使用するために開発されたFinU-bandは、手の甲に携帯用のディバイスをバンドで巻き付けて使用します。FinU-bandの中にはFinU-boxと同様にユーザーの左手を触覚的に刺激する装置が埋め込まれています。しかし視覚的、聴覚的な情報をユーザーに呈示する装置はFinU-bandには組み込まれていません。FinU-bandを装着しているユーザーは、あくまでも触覚の情報のみで、

FinU-boxでレフティと対話する。

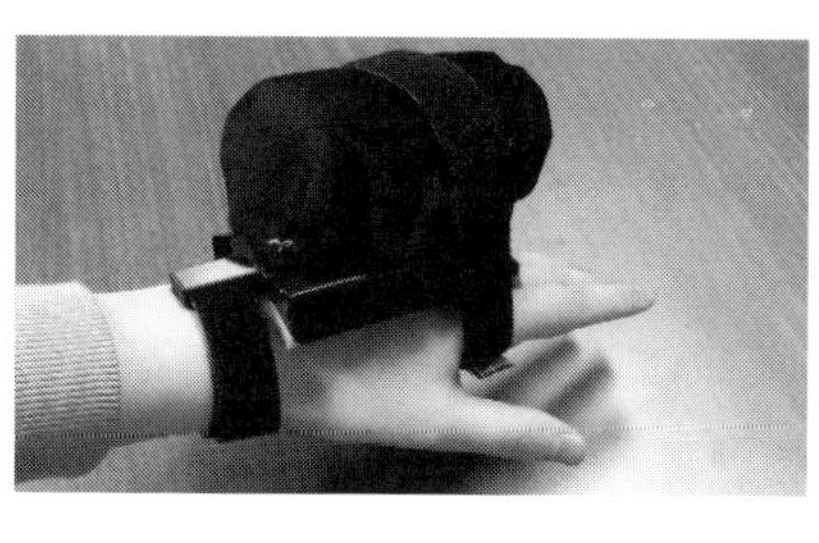

FinU-band。

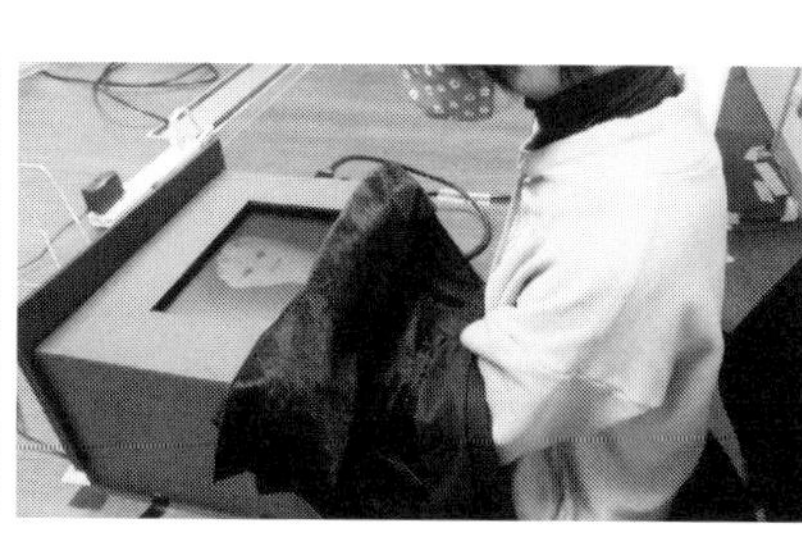

FinU-box。

レフティの存在を自らの左手に感じることになります。

なぜ我々はFinU-boxとFinU-bandという二つのディバイスを用意したのでしょうか？　その着想は次のようなものになります。

すなわち、FinU-boxのようにレフティとの豊かな感覚を伴う体験を可能にする比較的大がかりな装置はレフティの存在をユーザーに強く実感させ、記憶に残す効果がある一方で、それ自体をあちらこちらに持ち歩くことは非常に困難です。また常に豊かな感覚をレフティから感じ続けることは、そのユーザーが何らかの作業に集中している際には逆に気が散る大きな要因になる恐れがあります。

それに対して、FinU-bandは携帯性にも優れており、最近普及し始めたスマートウォッチのように触覚のみで左手をさりげなく刺激するだけなので、FinU-boxのように気を散らせる要因になりにくいです。ただしFinU-bandだけでは、レフティの存在を強く信じることは難しいかもしれません。

我々のアイディアは、この二つのシステムを交互に使うことによって、左手にレフティが実際に憑依しているとい

モダリティの豊富さ

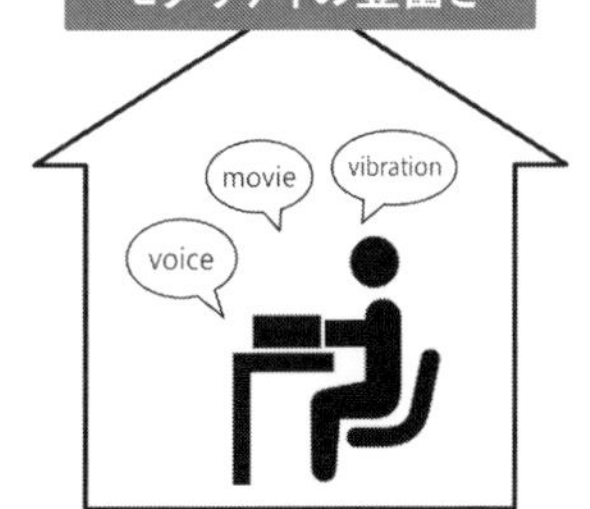

携帯性, 実用性

密なコミュニケーションにより、ロボットの記憶を形成

ロボットの存在感を持続させるための手がかり刺激

う強い信念をユーザーに獲得させ、様々な場所でユーザーがレフティから恩恵を受けることが可能になるのではないか、というものです。

すなわち、ユーザーが自宅などでFinU-boxを用いてレフティとの密な感覚的なコミュニケーションをとることによって、ユーザーの中に左手に本当にレフティが憑依しているのだ、という信念が形成されます。そしてこのような信念が形成されることにより、FinU-bandの振動だけから、「レフティがそこに居てくれるのだ」、という感覚をユーザーが出先でも得ることが可能になる、という仮説を我々は立てました。

この仮説を検証するために、我々は次のような評価実験を行いました。

この実験では、第2章で紹介した社会的促進効果というものを、どれだけFinU-bandの使用中に引き起こすことが可能かを評価しました。社会的促進効果というのは、前述のように単純

作業を行っているときに、傍に誰かがいる場合の方が、その作業の成績や速度が向上する、という現象です。

この実験において、我々は実験参加者らをFinU-boxにより視覚、聴覚、触覚の三つの感覚で事前にレフティとコミュニケーションをとるグループと、事前にFinU-boxを使用しないグループに分けました。そしてその後、FinU-bandをすべての実験参加者らに装着してもらい、それをつけながら単純なゲームのような課題を行ってもらいました。

我々の仮説は、事前にFinU-boxでレフティと密なコミュニケーションを行っている実験参加者は、左手にレフティが憑依している、という信念が形成されているため、FinU-bandから提示されるかすかな触感だけの刺激から想像力によってレフティの存在を傍に感じ、社会的促進効果が生じる一方、事前にFinU-boxを使用しない実験参加者らは、このような信念が存在しないため、FinU-bandを装着していても社会的促進効果はあまり強く生じないのではないか、というものでした。

まだまだ予備的な検討に留まってはいますが、実験で得られた結果は、仮説と矛盾しないものでした。すなわち事前にFinU-boxでレフティと密な感覚コミュニケーションをとっている実験参加者の方が、そうではない参加者と比べて、FinU-bandを装着している際の社会的促進効果が大きくなったのです。

●●●

以上の研究の結果は、対面のコミュニケーションでロボットとの思い出を密に創り、後にそのロボットを匂わせる刺激の一部だけをユーザーに提示することで、ユーザーはロボットの存在を常に傍に感じることができることを示唆しています。

似たような話は、人間同士にもあるように思います。たとえば、子供や恋人の写真を職場などに飾っている人も多いですが、これは自分の大切な人の存在を断片的に感じることで、仕事や勉強の意欲が高める効果があるのかもしれません。人間はそこに実際に他者の物理的身体がいなくても、様々な関係性を結んでいる他者の存在を日常的に思い出し、それを拠り所に日々の生活を送っているのです。

これまでの人間とコミュニケーションをするロボットの研究は、人間とロボットが物理的に一緒にいる状況に注目して行われることが多かったです。しかし物理的に相手と一緒にいることは、多くの注意や関心を相手に向けないといけないため、その間に、その他の作業に取り組むことができません。

一方、我々は日々、仕事や勉強、人間関係など、様々な自分自身の課題に向き合う必要があり、ロボットとばかりコミュニケーションしているわけにはいきません。物理的に傍にいるロボットが、どのようにユーザーに魅力的に働きかけてきたとしても、何かの課題に取り組んでいるユーザーにとっては、それは逆に邪魔になる可能性があります。

それに対して、我々のアイディアは「自分にはロボットがついているのだ」、という信念をユーザーに持たせることで、何らかの作業をしている際には、ユーザーを邪魔せずに支えることが可能になるのではないか、というものです。

我々は日々の生活の中で、様々な感覚を体験しながら暮らしています。非常に魅力的な他者やロボットと出会った、そのような印象的な体験というものは、その瞬間は感覚として強く我々の心に刻み込まれますが、しかし同時に、そのような感覚的記憶というものは時と共に色褪せていってしまいます。

一方、他者やロボットとの間に、たとえ感覚的にはそこまで珍しい体験ではないとしても、味わい深いエピソードが生まれた場合、そのようなエピソードは物語として我々の記憶の中にいつまでも残ります。ロボットをデザインする上で大事なことは、いかに感覚的体験をユーザーに提示するか、ということよりも、いかに記憶に残るエピソードをユーザーとロボットの間に創り出すか、と言えるのかもしれません。

では、我々はどのようなロボットに対して、物語を感じるのでしょうか？　次の章ではその点について掘り下げていってみましょう。

第12章　ロボットの背景世界を創り出す

我々人間は常に様々な他者とコミュニケーションしながら暮らしています。自分を中心に、自分とコミュニケーションをとっている他者を線でつなぐ図を描くと、ウニのように自分からあらゆる線が様々な人々（他の動物やモノコト）との間に結ばれていることが分かります。

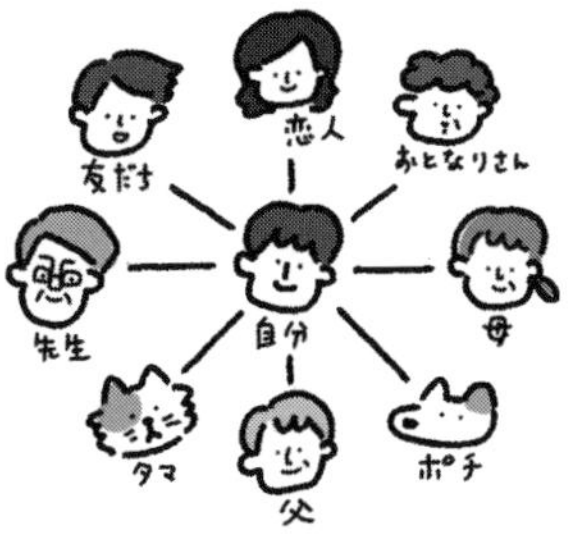

すなわち自分という存在は決して一人ではこの宇宙に存在することはできず、様々な他者や存在との関係性の中で存在しうるものなのです。そして、このようなウニのような他者との関係性は自分だけにあるものではなく、すべての人々がこのような他者との関係性を持ちながら暮らしています。

社会学で有名な「アクターネットワーク理論」というものがあります。この理論の概要を簡単に述べますと、この世界に存在するアクター（行為者：たとえば人間）

アクターネットワーク理論：ブリュノ・ラトゥール、ミシェル・カロン、ジョン・ローらによって提唱された社会学の方法論。ANTとも略される。代表的な書籍に、ラトゥール『社会的なものを組み直す』（伊藤嘉高訳、法政大学出版局、２０１９年）がある。

の個性というものは、そのアクター自体に宿るのではなく、そのアクターが周囲と結んでいる関係性によって規定される、というものです。ここでいう「関係性」という言葉は、親密だとか、敵対的だとか、そういう何らかの意味を帯びたものである必要はまったくなく、無関係であるとか、存在を認識していない、などの透明な関係性も含んで使っています。

たとえば、日本に住んでいる私と地球の反対側のブラジルに住んでいる見知らぬ少年との間にも、「お互いに知らない」という確かな関係性があると言えます。アクターネットワーク理論の考え方によると、「あなたはどのような人ですか？」と尋ねたとき、それは同時に「あなたはどのような関係性の中で生きていますか？」と尋ねているのと等しい、ということになります。

一人ひとりのアクターが構成する周囲との関係性は、個々がまったく違うものを有しており、少し詩的に表現すると、それぞれのアクターが自分を中心とした宇宙をもっている、と言うことができるのかもしれません。

●●●

私は、このような個々の存在が持っている独自の宇宙、すなわち万物との関係性のネットワークを、その存在の「背景世界」という言葉で呼んでいます。この背景世界というものは、その存在固有のものであり、他者がそれを直接感じ取ることはできません。

哲学者のユクスキュルは、この世界で暮らすそれぞれの存在が独自の「環世界」（世界の見え方）を持っていると主張しました。

たとえば、色彩を判別する神経細胞を持っている生き物と、持っていない生き物で、世界に感じるイメージは大きく異なるはずです。また同じ人間という種であったとしても、それぞれの人間の遺伝的特性、属している社会や文化、生育歴は大きく異なり、このような来歴の違いは、他者やモノコトに対する独自の見え方を生み出します。

ヤーコプ・フォン・ユクスキュル（1864-1944）。ドイツの生物学者・哲学者。

我々はどれだけ言葉を尽くしても、自分の環世界をそのまま相手に伝えることはできませんし、また相手の環世界をそのまま体験することができないのです。

「背景世界」という考え方は、他者の生きている環世界と等価であると言えます。具体例として、AさんとBさんとCさんという三人がいる仮想的な世界で考えてみましょう。

この場合、AさんはBさんとCさんの間に、BさんはAさんとCさんの間に関係性が結ばれている、と言えます。ここで大事なことは、Aさんから観測するCさんと、

Bさんから観測するCさんは、同じCさんであってもまったく見え方が違い、それぞれまったく異なる関係性を結んでいる、ということです。すなわちたった三人だけで構成される世界であっても、AさんとBさんはまったく異なる背景世界を持っている、と言うことができます。

AさんとBさんは、直接それぞれがどのような背景世界を持っているのか観測することはできず、相手の言動や振る舞いから、それをあくまでも間接的に想像するしかないのです。しかし相手が自分とは違う背景世界を持っていることを認め、それを想像することは、世界の見え方をより奥深いものにしてくれるかもしれません。

このような、背景世界という観点から今のロボットを捉えるとどうでしょうか？どんなに見た目が人間に似ており、滑らかに喋り、動くロボットであっても、そのロボットが自分の知らないところで、他者と関係性を築いており、独自の背景世界を持っている、なかなかそのようには我々は現状では想像できないのではないでしょうか？

前章で、ロボット相手に刺激的な感覚体験をすることよりも、ロボットの物語を感じる方が、その記憶は長く残る、と述べました。しかしロボットにおけるこのような背景世界の欠落が、ロボットに対してリアルな物語を感じさせることを難しくしている側面もあります。

このような問題を解決する方法について模索するために、大阪大学基礎工学部の学部生であった橋川莉乃さんと「ぬいぐるみ」を用いた研究を行いました。橋川さんは熱狂的なぬいぐるみ愛好家で、自分自身も数多くのぬいぐるみを保有していります。橋川さんは、ただぬいぐるみを大切に保有しているだけではなく、ぬいぐるみ一つひとつに名前をつけ、独自の物語や他のぬいぐるみとの関係性のネットワークを付与することで、ぬいぐるみと共に暮らしています。

このような彼女のぬいぐるみライフはとても充実していそうですが、一般人がみな彼女と同じような旺盛な想像力で、ぬいぐるみの背景世界を想像できるか、というとなかなか難しいと思われます。

そこで橋川さんは、より多くの人がぬいぐるみに対して想像を巡らせることができるようにするために、ぬいぐるみが他のぬいぐるみと交流している様子をぬいぐるみの持ち主に覗き見させる「ぬいぐるみSNS（ソーシャルネットワーク）」というものを考案しました。

このぬいぐるみSNSにおいて、CGで描かれた自分のぬいぐるみのアバターと他のぬいぐるみのアバターが交流をしています。ちなみにこの交流の具体的な内容は、開発者である橋川さんが設計したものではなく、ぬいぐるみ同士が好きの強さ

橋川莉乃、高橋英之、築瀬洋平（2021）．ぬいアバターの住むお部屋──仮想空間における交流表現がもたらすぬいぐるみへの印象変化．HAIシンポジウム2021、p.6.

社会的条件

自動的な
動画生成

孤独条件

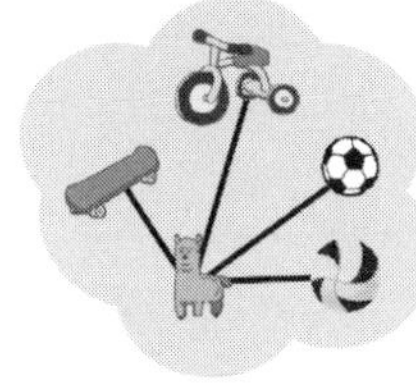

自動的な
動画生成

に関する固有な関係性のネットワークをもっており、そのネットワークに従って、ぬいぐるみ同士が近づいたり、距離をとったりするように動くことで、自動的に生成されます。ぬいぐるみSNSにおいて、この関係性のネットワークの初期パラメータを変化させることで、様々なぬいぐるみのアバター同士が交流するシーンをぬいぐるみの持ち主に無限に見せることが可能になります。

この研究の目的は、自分の持っているぬいぐるみが、自分の知らないところで他のぬいぐるみと交流しているシーンを覗き見した持ち主さんにどのような変化が生じるのか、それを調べるというものでした。

具体的な実験は次のように行いま

ぬいぐるみのアバター同士が交流している様子。

した。まず色違いのラマのぬいぐるみ二匹（白とブラウン）を、実験に協力してくださる方々の家に宅配便で送りました。そして、協力者の方に、まずそれぞれのぬいぐるみの写真を自由に撮るようにお願いしました。

次に二日にわたって、ぬいぐるみSNSにおける、それぞれのぬいぐるみの様子を、協力者さんに決められた時間観察してもらいました。ここで一匹のラマのぬいぐるみは、ぬいぐるみSNSの中で他のぬいぐるみと交流している状況（背景世界あり）なのに対し、もう一匹のラマのぬいぐるみは、ぬいぐるみSNSの中で独りぼっちで遊んでいる状況（背景世界なし）です。ただし、どちらの色のラマのぬいぐるみが、どちらの状況に割り振られるのかはランダムに決められました。

そして二日間、ぬいぐるみSNS上でぬいぐるみアバターの振る舞いを観察したのちに、再び協力者の方にそれぞれのラマのぬいぐるみの写真を撮ってもらいました。

この実験の狙いは、ぬいぐるみSNSを通して、保有するぬいぐるみの背景世界を感じ取ることで、持ち主が撮ったぬいぐるみの写真が変化するかどうか、それを調べたい、ということになります。

この実験において、協力者が撮影してくれたラマのぬいぐるみの写真をオンラインアンケートで、実験とはまったく無関係な人たちに評価をしてもらいました。

具体的には、ぬいぐるみSNSを視聴する前後での、同じ協力者の同じぬいぐるみに対する写真を対として提示し、どちらの写真の方が「生き物らし

ぬいぐるみSNSの利用前に撮られた写真（上）、利用後に撮られた写真（下）。

いか」「持ち主から愛されていそうか」「芸術的か」などを尋ねました。

その結果、他のぬいぐるみアバターとぬいぐるみSNSで交流していたぬいぐるみに対する写真が、「持ち主から愛されていそう」と多くの人から評価されることが分かりました。これはぬいぐるみSNSにおいて、自分が保有するぬいぐるみの背景世界を意識することによって、保有者のぬいぐるみに対する写真の撮り方が、持ち主のぬいぐるみに対する愛を周囲に感じさせるような内容に変化したことを意味しています。

ぬいぐるみの背景世界を感じさせることで、持ち主がぬいぐるみを撮影した写真が変化したことが何を意味するのか、それを説明する十分な理屈は私も橋川さんもまだ十分には立てられていません。ただ何らかのぬいぐるみに対する想像の変化が持ち主に生じたことは確かなようです。そしてその想像の変化は、周囲の人たちから見ても「愛」を感じさせるものとなったようです。

●●●

橋川さんが考案したぬいぐるみSNSという手法は、比較的簡単にロボットにも応用することが可能なものです。SNS的ななにかで、ロボットが他のロボットや人間と自分の知らないところで交流している風景をユーザーに提示する、それによってユーザーのロボットに対する想像を膨らませる、このような方法は、物語として人間と生きていくロボットを創り出す上で非常に有用な方法になるかもしれません。

一方、現代社会において、我々が他者のアイデンティティを判断するときに、個々の他者の背景世界をどれだけ想像しているのでしょうか？　たとえば配偶者選択の場合はどうでしょうか？

真偽は知りませんが、婚活パーティに行くと、収入によってつけているバッジの色が違う、という話を聞きました。表面的に分かりやすい、ルックス、肩書、経歴、年収、そういう情報によって、他人を評価し、振る舞いを変える。また肌の色やジェンダーなどの一面的な情報で、相手に対する接し方を変える。我々人間同士であっても、他者について判断するときは、多くの場合その根拠はステレオタイプにまみれています。相手の背景世界に思いを巡らし、その人をそのまま想像するような人間関係がどれだけあるというのでしょうか？

● ● ●

このような書き方をすると、ステレオタイプにもとづいて他者を判断することを私が批判しているようですが、正直そう簡単な話ではありません。ステレオタイプに従って他者を判断することは、非常に素早く、コストをかけずに相手を判断できる、という意味で合理性が高い行為とも言えます。

一方、他者の背景世界に想像を巡らせたところで、前述のように他者の背景世界を直に経験することはできないわけです。従って、想像した背景世界が実際のそれとはまったく異なっており、結果として、相手から裏切られるリスクもあるわけです。

このように他者の背景世界を想像することは、他者を観察して、その背景世界を想像するコストが高いわりに、その結果、得られる益がぼんやりとしているようにも思えます。そうすると、多くの人が、他者の背景世界に想像を巡らせるよりも、ステレオタイプでもいいので、目先の実利を得た方が良い、と思うことは致し方ないことなのかな、とも思います。

私は、人間同士、互いが互いの背景世界を想像し合うようになったら良いな、と直観的に思っているところがあるのですが、合理性を捨ててまで、なぜそのような営みが重要なのか、その素晴らしさを完全に言語化するにはまだ至っていません。

ロボットに背景世界を持たせる研究には二つの意義があります。一つは、人間がロボットの物語を想像しやすくなり、より人間とロボットの関係を深く、長期的なものにしていく糸口がつかめるのではないか、というもの。もう一つは、人間同士であっても、他者をステレオタイプで判断しないで、互いの背景世界に想像を巡らせた方がいいと主張するための、目先の合理性に打ち勝てる説得力が高い客観的な論拠をロボットの研究の中に見つけることです。この点については、また後の章で詳しく述べたいと思います。

第13章　あいがあるロボットの三条件

以上、我々が行ってきた「人工あい」に関する具体的な取り組みについていくつか紹介をさせていただきました。もちろんまだまだ発展途上な研究であり、ロボットに「あい」を宿らせることができた、というには程遠い状況ですが、個人的には少しずつ面白い知見が集まってきたな、という印象があります。

ここで、現段階で私が考える、「あい」があるロボットの条件について自説を述べさせていただきたいと思います。

まずロボットがうまく提供できて、人間にはなかなか真似できない独特の役割として、様々な人間の自己開示の聴き手がある、という話をしました。前述（第7章）のように、人間はなんもしないロボットに対して、人間の他者には喋られない様々な内面的、ネガティブな話をしてしまう傾向がある、という知見を我々は示してきました。

人間の普段とは異なる語りを引き出すロボットの能力は、ロボットが「無心」、すなわち自己開示している人間を評価してこないことが、語り手である人間の、いつもより自由な自己開示を逆に可能にしているのではないか、と我々は考えています。このような、他者としてそこに居てくれるのだけど、我々のことを気にしてこない、評価してこない存在がありがたい、という話は、まさにこの本の一つの柱であるレンタルなんもしない人さんの魅力に通じるところがあります。

●●●

あいがあるロボットの第一条件：「ただ何もしないで傍にいてくれる」

人間にとって、たとえその他者が自分に直接的に何もしてこなくても、いやむしろ直接は何もしてこない方が、救いになることがあるのです。「自分は一人きりではないのだ」という感覚は、それ自体が我々にとっての活力となり、勇気になるのかもしれません。

「そんなの当たり前だ、友達や恋人、家族が傍にいてくれる方が寂しくないに決まっている」とおっしゃる方もいるかもしれません。しかし一方で、たとえ傍に物理的に他者がいてくれたとしても、どうしようもなく寂しくなることがあるのが、人間の難しいところです。

これは現実的に他者が傍にいることで、「一人きりではない感覚」以外の様々なしがらみや、すれ違いが発生するからです。

もちろんそのような、他者との分かり合えなさ、というものは、他者とより深く分かり合う、良い関係を築いていくためのきっかけとなるものです。しかし一方で、人間はそのようなしがらみ抜きな状態で、他人に傍にいてもらいたい、そういう欲求があるのではないでしょうか。

前にも少し述べましたが、以前は宗教が人間の孤独に寄り添う役割を担っていたのだと思います。自分には神様が傍にいてくれるのだ、という感覚は我々の祖先に大きな勇気を与えてきたに違いありません。

しかし科学文明が発展し、昔のように簡単な神様の存在を信じられなくなった現代社会においては、無条件で傍にいてくれる他者の存在をなかなか感じ続けることができません。だからこそ、そのような人間の「魂の孤独」をそのままに受け止める存在として、レンタルなんもしない人さんやなんもしないロボットは注目を集めているのかもしれません。

●●●

あいがあるロボットの第二条件：「記憶の中から自分のことを応援し続けてくれる」

しかし人工物であるロボットが、ずっと人間に他者として認識され、傍にいてくれる感覚を与え続けることは容易ではありません。
短期的に存在感があるロボットを作りたいのであれば、派手な外見や動きをする突飛なロボットを作ればいいのでしょう。しかし我々の脳は、感覚的な刺激に対してどんどん飽きて、何も感じなくなる性質があります。物理的な方法だけで人間にずっと寄り添い続けることは難しそうです。
私は、人間の信じる力、想像力こそが他者の存在を感じ続け、孤独を感じないために最も重要な要素であると考えています。
サン＝テグジュペリの『星の王子さま』において、王子さまは地球の砂漠で出会った飛行士に対して別れ際にこんなことを言います。

「きみは、夜になると、星空をながめる。ぼくんちはちいさすぎるから、どれだかおしえてあげられないんだけど、かえって、そのほうがいいんだ。ぼくの星っていうのは、きみにとっては、あのたくさんのうちのひとつ。だから、どんな星だって、きみは見るのがすきになる……みんなみんな、きみの友だちになる。そうして、ぼくはきみに、おくりものをするんだよ……」

サン＝テグジュペリ『あのときの王子くん（星の王子さま）』（大久保ゆう訳、青空文庫所収）より。

星に帰る王子さまと飛行士が物理的に再び逢うことは残念ながらもうないかもしれません。しかし星の王子さまにとってはそんなことは些細なことなのでしょう。

自分は一人ではないのだ、星の向こうに友達がいてくれるのだ、そう心から強く信じられることは、物理的に他者の存在を傍に感じ続けて孤独を紛らわせるよりもはるかに大きな勇気を我々に与えてくれるのかもしれません。

私は、ロボットも人間にとってそのような存在になれたらいいな、と思いながら日々研究を行っています。

●●●

一方、他者が自分についていてくれると信じ続けることは、決して簡単ではありません。

映画『コンタクト』は、地球外生命体からのシグナルの解読を試みるある研究者の挑戦を描いた作品です。この主人公の研究者は非常に科学的な思考をする人であり、神様の存在を信じていません。しかし一方で、「もし宇宙に我々地球人しかいなかったら、スペースがもったいない」という言葉を大事にするほど、地球外生命体の存在を強く願っています。

映画の詳細についてはここでは述べないでおきますが、最終的にはこの主人公の研究者は地道な科学的探究を続け、その結果として地球外生命体の存在を実感する体験をし、それにより我々は宇宙で決して孤独な存在ではないのだという確信を得るに至ります。

『コンタクト』
1997年公開のアメリカ映画。ロバート・ゼメキス監督、ジョディ・フォスター主演。

他者がそこに居てくれるのだ、という信念を得ることは容易ではありません。頭だけで、そこに他者がいてくれるのだと信じ込むことは容易ではなく、実際に物理的に他者とコミュニケーションを取り続け、様々な経験をするプロセスを経ることで、その他者が傍にいてくれるのだ、という信念を強く我々は抱けるようになるのかもしれません。

このようなプロセスを、ロボット相手にも実現できないかと考えて開発したシステムが、第11章で紹介したFinUになります。FinUというシステムは、左手にロボット(?)が居てくれるのだ、と五感で強く実感できる体験と、振動だけをかすかにユーザーの手に与え、記憶の中にいるロボットの存在を思い出させる状態を交互に繰り返すことで、だんだんと「自分にはロボットがついていてくれるのだ」という信念をユーザーに獲得させようと試みたシステムです。

まだまだFinUは発展途上のシステムですが、このようなシステムを発展させることで、我々にずっと寄り添い続けることが可能なあいがあるロボットが開発できるのではないか、そう私は期待しています。

●●●

あいがあるロボットの第三条件:「ロボット自体が自立して、独自の世界を生きている」

一方、信念によって他者を感じるということは、その他者が傍にいてくれるのだ、と信じるだけでは不十分であり、その他者が自分にとって魅力的で好奇心を刺激する存在である必要があります。

何度も繰り返しますが、人間はとにもかくにも飽きっぽい存在です。ずっと変わらず自分を支えてくれる存在というものはありがたいようで、その存在感をずっと強く感じ続けることはなかなかできません。

親心子知らず、という諺がありますが、どんなに自分にとってありがたい他者であっても、それが当たり前になってしまうとリアリティを喪失して、何も感じなくなってしまう恐れがあります。一方、その他者が自分とは異なる背景世界を生きており、そこで自分とは異なる興味深い生活をしている場合、その他者が物理的に不在なときも、彼、もしくは彼女は今何をしているのであろうか、と我々は想像を巡らせることになり、その想像が他者の存在を逆に強く感じさせることになります。

ぬいぐるみSNSによって、ぬいぐるみの背景世界を想像させる、という我々の研究は、まさにこれまでのロボットに欠落していた、「ロボットがそこにいない際に、我々がロボットのことを想像する種」をユーザーに提供することを狙ったものであり、このようなぬいぐるみが「不在」のときの生活を想像することは、持ち主のぬいぐるみに対する心情を大きく変化させるのではないか、と私は考えています。

もちろん現状の技術では、なかなかロボットの背景世界に対してユーザーの興味を持続させることは難しいかもしれません。しかし今後、このような技術をより発展させることで、たとえ我々がロボットと一緒にいないときであっても、ロボット独自の背景世界を想像し続け、そのリアリティを強く感じ続けることが可能になるのではないかと思っています。

●●●

以上、「あいがあるロボット」に必要だと私が考えている三つの条件について、これまで本書で述べてきた内容について整理させていただきました。現状のロボット技術で、これら三つの条件を満たし、ユーザーの心に寄り添い続ける「あいがあるロボット」を現実的な形で創ることはまだまだ難しいと思いますので、さらなる忍耐強い研究が必要になります。

また私が定義した三条件は、基本的に、人間とロボットの関係性の中で育まれる見えないつながりであり、当事者ではない第三者からなかなか直接的にそれを観測することはできません。

ロボットを世の中に普及させようと思ったら、その魅力を多くの人にアピールしないといけません。従って、感覚的に魅力的なもの、分かりやすいものをつくろうという風潮があることも資本主義の世の中では仕方がないことかもしれません。

そのような風潮からしたら、私が考える「あいがあるロボット」の条件は非常に遠回りで、フワフワしているような印象を与えてしまうかもしれません。そもそも、孤独とは何なのか、愛とは何なのか、そのような哲学的問いについての答えは人によって千差万別であり、私が考える「あいがあるロボット」の条件も、人によってはまったくピンとこない可能性もあります。

私はこれまで、今回述べてきたような「あいがあるロボット」について学会などで発表してきましたが、好意的な反応もある一方、物理的に傍におらず、心の中でロボットの存在を感じ続ける、というのはとてもストイックで、なかなか厳しいことを要求されていると感じる人も多い印象を受けます。もっと直接的に分かりやすく優しいもの、自分を分かりやすく包み込んでくれるような存在を欲する人も多い印象です。

しかし、これまで自分がロボットについていろいろと研究を重ね、レンタルなんもしない人さんと出逢い、いろいろな人たちと議論を重ねてきた結果、これまで私が述べてきたような「あいがあるロボット」を生み出し、それを我々の周りに当たり前に偏在させることで、多くの人々の心に持続的にポジティブな効果を与え続けることができると信じるようになりました。

●●●

優しいロボットにただただ感覚的に癒される時間はとても良いものだと思います。

私も以前、フロリダのディズニーワールドに行った際に、ミッキーマウスに抱擁してもらったとき、暖かいものに包まれているような感覚を抱きました。

一方、ディズニーランドはあくまでもハレの時間を過ごす場所です。我々の人生はときたま訪れるハレとそれ以外に延々と続くケの時間によって成り立っています。ハレの時間にどのように愛に包まれるような体験をしたとしても、ケの時間における生活が変わらなければ、我々はむしろそのギャップに苦悩することになるかもしれません。だからこそ我々の人生におけるケの時間に寄り添ってくれる、そのような存在が必要になるのだと考えています。

従来のコミュニケーションロボットの研究は、我々の生活におけるハレの時間とケの時間というものをあまり区別せずに、とりあえず対外的に魅力的なもの、機能的なものを作り出そうとしてきました。もちろんこのようなロボット開発も重要なのですが、その一方、どうしてもこのようなやり方だけだと、ハレ的な場面に特化したロボットが生まれてしまう傾向が強くなります。

●●●

ディズニーランドの生みの親であるウォルト・ディズニーは、晩年、自ら作り出したディズニーランドなどしょせんファストフード店みたいなものだと評し、そこに暮らせる、ずっとそこに居られるディズニーランドを創ろうと計画していました。

そんなディズニーが晩年、積極的に映画化しようとした作品として『メリー・ポピンズ』という小説があります。『メリー・ポピンズ』の原作者トラヴァースは、最初はなかなか映像化について首を縦に振らなかったのですが、ウォルト・ディズニーの根気強い説得により最後はOKを出しました。

ここまでウォルトが映像化にこだわった『メリー・ポピンズ』は、これまでのディズニー映画とは一線を画す内容でした。ディズニー映画と言えば、『シンデレラ』や『白雪姫』といった、夢や魔法がいっぱいの作品がそれまで多かった印象ですが、『メリー・ポピンズ』ではある普通の一家の生活を中心に話が進んでいきます。

傘をさして飛んでくるメリー・ポピンズは、確かにディズニー映画にふさわしいファンタジーな存在なわけですが、彼女は別に大きな魔法を使ったり、奇跡を起こしたりするわけではなく、日常に少しずつの変化をつけていくことで、自然と良い方向に主人公一家は舵を切っていくようになります。

この映画の特筆すべきシーンとして、家族で楽しく凧揚げをやっているラストシーンで映画が終わるのですが、そのときに主人公であるメリー・ポピンズはもう家族の傍にはおらず、風に乗ってどこかに行ってしまっています。

ディズニー映画といえば魔法が非常に大きなウェイトを占めており、その点については『メリー・ポピンズ』も例外ではないのですが、この作品の興味深いところ

『メリー・ポピンズ』
1964年公開のアメリカ映画。ロバート・スティーヴンソン監督、ジュリー・アンドリュース主演。
余談ですが、このメリー・ポピンズが映画化されるまでの経緯を描いた作品『ウォルト・ディズニーの約束』という映画がありまして、非常に面白いです。

として、あくまでも一家の現実的な日常（それこそケの時間）が話の軸となっており、メリー・ポピンズの魔法はそれをそっと陰から支えるためだけに使われます。そして一家が良い方向に行ったときに、もはや魔法を使う彼女はそこにはいないのです。『メリー・ポピンズ』という作品において、メリー・ポピンズはあくまでも家族を支えるための黒子として活躍しており、主人公たちはあくまでも日常を紡いでいる一家なのではないか、そんなことを私は思いました。

● ● ●

これは私の想像にすぎないのですが、晩年のウォルト・ディズニーは人々のハレにのみ働きかける魔法に飽き飽きしており、もっと普遍的に人生を照らす夢の国のあり方を模索していたのではないでしょうか？　そんな彼の思想の変化が、晩年に映像化された『メリー・ポピンズ』に強く現れているように私には感じられました。彼の中での魔法の位置づけが、それ自体が人間に希望を直接与えるものから、人間の暮らしをそっと支えるものに変化していったのではないか、そんなふうに私は考えました。

残念ながら私は魔法の存在を信じてはいませんが、技術の可能性については研究者として強く信じています。私がこれから探求していきたいと考えている「人工あい」という技術も、それ自体が直接的に人間を救ったり照らしたりするような魔法として機能するのではなく、あくまでも黒子として人間を陰から支える、そのような技術になればいいなと考えています。

次の章では、このような「人工あい」をより具体的に我々の生活に組み込むためにはどのような方法が考えられるのか、それについて考えていきたいと思います。

第14章　インフラとしての「人工あい」

2019年に公開された新海誠監督のアニメ映画『天気の子』は、祈りによって天気を変化させる不思議な力を秘めた少女・陽菜と、その少女を守ろうとする少年・帆高の物語です。この映画の主題歌であるRADWIMPSの「大丈夫」という曲に、次のような歌詞があります。

取るに足らない小さな僕の　有り余る今の大きな夢は
君の「大丈夫」になりたい　「大丈夫」になりたい
君を大丈夫にしたいんじゃない　君にとっての「大丈夫」になりたい

RADWIMPS「大丈夫」（作詞：野田洋次郎）。

この歌詞は帆高の陽菜に対する想いを謡ったものと解釈できるのかもしれませんが、冷静に考えてみると、なかなか哲学的な内容です。

人間、自分にとって大切な人が不安な様子でいたら、「大丈夫」にしてあげたいと思うのは自然なことです。しかしこの歌詞は、大切な相手を「大丈夫」にするのではなく、大切な人にとっての「大丈夫」になりたい、と歌っているのです。この二つはいったい何が違うのでしょうか?

●●●

有名な古典的なディズニー映画の『白雪姫』や『シンデレラ』などは、不遇なヒロインが苦難を乗り越えることで、やがてヒロインの目の前に白馬の王子様が現れて救ってくれる、そういう大筋の物語となっています。自分が逆境にいるときに、「白馬の王子様」が目の前に現れて救ってほしいという願いは女性だけのものではなく、老若男女共通のものかもしれません。

一方、私は昔から、このようなディズニー映画的な物語に懐疑的な眼差しを向けていました。多くの「白馬の王子様」系の物語はヒロインが王子様と結ばれ、プリンセスになるところでハッピーエンドとなり、幕が下ります。

しかしこれらの若い男女には、この後、何十年も続く残りの人生が控えています。ハッピーエンドの後に、王子が実はとんでもない奴であることが発覚し、夫婦のトラブルが起こるかもしれないですし、規則だらけの王宮の暮らしはヒロインにとって息が詰まるものになるかもしれません。そもそも、非日常の状況下で出会ったパートナーが、長期的な関係性を形成する上で良い相性の相手である保証もまったくないわけです。王子様による救済は、「金と権力こそがすべてだ!」という価値観をよほど極めた人でもない限り、幸せとイコールではまったくないと私は考えます。

●●●

宝塚歌劇で有名な名作ミュージカル『エリザベート』において、王宮に嫁いだ主人公のエリザベートは、宮廷の息苦しい生活に嫌気がさして、外の世界に飛び出します。

このミュージカルの代表曲の一つである「私だけに」の歌詞からも、エリザベートが王宮での暮らしよりも、外の世界を冒険することに憧れを感じていることが伝わってきます。

嫌よ　大人しいお妃なんて　なれない　可愛い人形なんて
あなたのものじゃないの　この私は　細いロープたぐって昇るの
スリルに耐えて世界見下ろす　冒険の旅に出る　私だけ

宝塚歌劇団『エリザベート』より「私だけに」(作詞：ミヒャエル・クンツェ、訳詞：小池修一郎)。

古くからのお姫様と王子様の物語は、ハッピーエンドを「静止した状態」として定義している点に構造的な問題があると私は思っています。すなわち、「王子様と結婚」というように、ある「静止した状態」をゴールにしてしまうと、その状態に到達した際に、次の行き場がなくなってしまうのです。

生物学において、生体が生きていることの条件として、定常開放系、すなわち個体が常に周囲とエネルギーや物質のやりとりをし続けながら定常状態を維持していること、が挙げられています。つまり「生きている」という状態は、静止した状態ではなく、外界と密にやりとりしつつも個としての定常状態を維持していること、と定義することもできます。

そう考えると、ハッピーエンドを静止した状態として捉えることは、外部とのそれ以上のやりとりをすべて切断して、停止した状態を「良し」とすることになるので、極端に述べると「死」と等価であると言えるかもしれません。

もちろん二時間の尺に収まるような夢いっぱいのファンタジー映画であれば、ハッピーエンドをゴールとした終わり方になるのは仕方ないのかもしれません。しかし、このような王子様による救済の物語を現実の理想としてしまうと、本来、外界と死ぬまでやりとりをし続ける生物である人間には無理が生じてしまいます。

すなわち、「君を『大丈夫』にする」というように、個体をある幸せな状態に導こうという姿勢は、「大丈夫」になること自体が静止したゴールになってしまい、常に周囲と関わり続けて定常状態を維持しようとする個体の力を逆に削いでしまう可能性があります。

では一方で、「君の『大丈夫』になりたい」、というのはどのような意味でしょうか?

「大丈夫」にする、というのは「大丈夫」ではない状態を「大丈夫」に変える、という意味で「大丈夫」自体がゴールになります。一方で、「大丈夫」になる、ということは、そもそも君が「大丈夫」であることが前提であると考えます。すなわち「大丈夫」が前提として保証されている状態なので、それ自体がゴールとなることはありません。従って、君の「大丈夫」になることで、個人の周囲と関わり続ける力を委縮させずに相手のことをサポートし続けることができるのではないかと私は考えます。

では「大丈夫」にしてくれる存在が王子様だとしたら、「大丈夫」になる存在とはどのような存在でしょうか? 私は、このような存在の例として、『フランダースの犬』に登場するパトラッシュという犬を思い浮かべます。

パトラッシュは、主人公のネロの横にいつも寄り添って歩いています。パトラッシュは特に何か積極的にネロに働きかけるわけではありません。しかしパトラッシュが常にネロの横に寄り添っていることで、父親を亡くし、貧しい暮らしの中にいるネロの気持ちを常に支え続けている側面があると思います。そしてパトラッシュのような「大丈夫」な存在がいたからこそ、貧しい暮らしの中においても、ネロは趣味の絵を描き続ける、という周囲と関わり続ける力を持続させることができたのかもしれません。

●●●

君の「大丈夫」になる、という発想は、我々の日常生活を支える基盤（インフラ）に近い発想のように思います。たとえば、日本に住んでいる多くの人々は、使用料金をきちんと払っていれば、電気やガスが生活環境に安定して供給され、水道の蛇口を捻ればいつでも安全な水が飲める快適な環境で暮らしています。

現代ではこのような環境が当たり前になっているところがありますが、これらは江戸時代ではとうてい考えられなかったような素晴らしいインフラです。一方、普段生きていると、当たり前のように整備されているこれらのインフラのありがたさをなかなか自覚することは少ないです（たまに使用料金を払い忘れてインフラが止められたときに、そのありがたさを絶望の中で実感しますが）。

水道や電気、ガスなどに加えて、インフラ的な側面を持つ工業製品として他にどのようなものがあるでしょうか？　たとえば、第9章で述べたように、エアコンもインフラのようなサービスと言えるかもしれません。

我々はエアコンのおかげで、夏は涼しく、冬は暖かく、屋内で過ごすことができます。しかし自分がこのように快適に屋内で過ごせているのはエアコンのおかげである、と感謝する瞬間は、暑い屋外から涼しい屋内に戻ってきたほんの一瞬くらいのものでしょう。

多くの人たちは、日頃エアコンの絶大な力を意識することもなく、思い思いの時間を屋内で過ごしています。しかしエアコンは、常にインフラとして黙々と機能し、我々が熱中症になることや、寒くて風邪をひいてしまうことを防いでくれているのです。

このように我々の生命の根幹に関わるサービスをインフラとして提供することは、我々が周囲と関わり続ける力を阻害しません。すなわちサービスがインフラになるということは、そのありがたい状態がゴールになることを防ぎます。

水の供給が当たり前には提供されない環境においては、他のすべてのことに優先して水を探し回らなければいけません。また、たとえ「王子様」が気前よく水を提供してくれるような環境であっても、水を提供される方は無意識的に王子様の顔色をうかがい、気分を害さないように振る舞うでしょう。その時点で、思考の一部を『王子様』の機嫌取り」に向ける必要が生じ、たとえ無自覚的であっても「王子様」との間に依存的な関係が生まれてしまい、その個体の周囲と関わり続ける力が弱まってしまいます。このように、生命の根幹に関わるサービスはインフラとして提供する、ということはとても大切なことなのです。

これまで構築されてきたインフラは、主に生命や健康維持に重要とされるものが大半でした。一方、私が提案する「人工あい」という発想を社会実装可能な形で具現化することは、人間の心を支え続けるまったく新しい、孤独な心に寄り添う未来のインフラの構築につながるのではないか、と期待しています。

●●●

これまで人間の心を癒したり、支えたりする役割は、主に他の人間が担ってきました。すなわち両親や夫婦、恋人や友人、などの他者との関係性が、人間の心を支える上での重要な基盤となってきました。

一方、人間というものは常に変わり続ける存在です。そのような変化し続ける人間を心の拠り所にし続けることは、自分にとっても、相手にとっても負担が大きいです。さらに常に変化し続ける人間同士の関係というものは、どうしても「大丈夫」にする（される）、という関係になりがちであり、自分に安心感をくれる他者との人間関係を維持することに多大な労力を割くことになったり、関係が依存的になってしまったりする恐れもあります。

また、豊かな他者とのつながりの質や量（ソーシャルキャピタル、社会資本）をどれだけ有しているのか、というのは生まれや育ちで大きく異なるのに、「両親は子供に愛を注ぐべき」とか、「夫婦は常に愛し合うべき」といったように、人間を主語とした一般論として「べき」を多く作ってしまうことは、それが逆に業（カルマ）として私たちを苦しめる恐れがあります。

だからこそ、私はロボットのような人工物によって、人間の心を支えてくれるようなまったく新しいインフラを構築することが大事なのだ、と感じています。

●●●

これまで述べてきたように、本書の一つの柱であるレンタルなんもしない人さんは、このような業から解放されて、「ただ他者が傍にいてくれる」という状態を提供してくれる稀有な存在と言えるのかもしれません。今の社会の中で様々なしがらみから逃れて、他者が傍にいてくれる状態のみを実現することは非常に難しいのです。

一方、レンタルさんは、レンタル料を払った際に、その後数時間一緒にいてくれる存在ですが、常に傍にいてくれるわけではありません。また世界中に今のところレンタルなんもしない人は一人しかおらず、レンタルさんをレンタルできる人間は限られています。

そこで私が本書で主張したいアイディアは、レンタルさん的特性を持った「人工あい」的なロボットを創り出し、それをエアコンのようなインフラとして世界中にばらまくことによって、今まで存在してこなかった人間の心を恒久的に支え続ける未来のインフラを創り出せないのか、という、現状ではまだまだ荒唐無稽に感じられるかもしれない野望です。

私は大学で基礎研究としてロボットの研究をしていますが、最近では世界最大の空調メーカーと一緒に、自分の取り組んできた「人工あい」的なロボット研究の成果をより洗練させ、実際に社会に実装可能な形にもっていけないかという産学連携研究に取り組んでいます。

前述したように、私はエアコンというものは単なる家電と言うよりも、インフラとしての側面が強く、我々の心身健康や労働意欲などを当たり前のように支える絶大な力を有していると考えています。もしこのようなエアコン技術に私が研究してきたロボット研究の成果を入れ込むことができたら、私が夢見る「人工あい」的なインフラの実現につながる可能性があるのではないか、そう私は強く期待をしています。

次の章では、これまで私が企業との共同研究を通じて考えてきた、現状の学問に対する問題意識について述べると共に、「人工あい」を具現化するためにはどのような新たな学問が必要になるのか、少し哲学的な議論を展開してみたいと思います。

第15章 「なんもしない」と「あい」の科学を目指して

「最適」という言葉は非常に魅惑的なものです。お客様に「最適」なサービスを提供する、という言葉はとても誠実なものなのかもしれません。企業の方々とミーティングしていても、なるべくお客様に「最適」なものを提供してあげたい、という熱意を感じるときがあります。

しかし一方、「最適」という言葉を深く考えてみると、なかなか難しいものがあります。今の自分にとって「最適」な食べ物、服、進路、配偶者、空調の設定温度……、この本を読んでくださっているみなさんは、自分にとっての最適な状態が何なのか、どれだけ自覚しているでしょうか？ 我々人間はそこまで自分自身のことを常によく理解して暮らしているわけではない、ということはみなさん日々実感されているのではないでしょうか？

●●●

最近の人工知能ブームと相まって、人工知能にビッグデータ（大量のデータ）を学習させることによって、人間にとって最適なサービスを自動的に設計しよう、といった研究が数多く行われています。このような人工知能的な技術を用いることのメリットとして、人間ではとても把握しきれないような大量のデータを処理したり、学習したりすることが可能な点があり、このような方法を用いることにより、人間自身も自覚していない「最適」を見つけられるのではないか、という期待もあります。

一方、これらの人工知能的な手法の情報処理を細かく見ていくと、そこには「人間」はおらず、ある決まった数式によって、様々な現象が生じる確率を計算する「クールな」システムが存在していることが分かります。人間にとっての「最適」を、このようなクールなシステムだけで本当に見つけ出すことができるのでしょうか？

●●●

人間の価値観というものは、明確に堅いモノサシが我々の内部に存在しているわけではなく、非常に柔軟にモノサシの目盛りが変化していきます。

たとえば、心理学で有名な認知的不協和理論というものがあります。この理論を説明する好例として、イソップ寓話の「すっぱい葡萄」という話があります。

この寓話において、葡萄が大好きなキツネが木になる美味しそうな葡萄を見つけました。しかし残念ながら、その葡萄はキツネの手が届かない高いところになっていました。自分が食べられない高所に葡萄がなっていることを知ったキツネは言いました。「いいよ、どうせあの葡萄はすっぱくて食べられたものではないさ」。すなわちキツネは欲しかった葡萄が手に入らなかったと分かるやいなや、本当は大好きだった葡萄を「すっぱい」とその価値を貶めてしまうのです。

すなわち、認知的不協和理論とは、目の前に起こった不協和（自分の理想とは異なる出来事）を解決するために、自分の理想自体を変容させてしまう、という特性が人間の心にはある、というものになります。

またヨハンソンという心理学者は、選択盲という興味深い現象を心理実験によって報告しました。ヨハンソンらのこの実験では、まず実験参加者に二枚の異性の写真が提示されました。そしてどちらの写真の異性が自分にとって好みなのか、参加者は指差すように求められました。参加者が一方の写真を指差した際、ヨハンソンらはマジックのトリックを使い、参加者が選択した写真とは逆の写真にすりかえて、「これですね？」と参加者が選択していない写真を提示しました。この実験の興味深い点として、「好みだ」と選択した写真と反対の写真を提示されているのにもかかわらず、約6割の参加者はそれに気づかず、なぜこの写真を選んだのか理由を尋ねられると、（実際には選択していない写真なのにもかかわらず）スラスラとその写真を選択した理由を語れたのです。

Johansson, P., et al. (2005). Failure to Detect Mismatches Between Intention and Outcome in a Simple Decision Task. *Science, 310* (5745), 116-119.

この研究が意味していることは、人間は自分自身の好き嫌いを厳密には把握しておらず、好みというものは時間や自らの選択と共にどんどんと変わっていく、ということです。

●●●

このような人間の好き嫌いの曖昧さがある状態で、最適な状態を外部から一意に定めることはとても難しいことだと思います。また人間は他人の影響を受けやすい存在で、特にその他人に権威がある場合は強く影響を受けることがあります。

このような研究をやってみたことがあります。夏目漱石そっくりの外見をしたアンドロイド（人間による遠隔操作）と研究協力者に対話をしてもらい、対話後に研究協力者に「どれだけアンドロイドが本物の夏目漱石のように感じましたか？」と尋ねました。またこのような質問と同時に、その協力者がどれだけ夏目漱石について詳しいのか、さらに現状の人工

漱石アンドロイド。（写真提供：二松學舍大学）

知能に畏怖の念（人工知能が人間を支配する恐れがある、など）を感じているのか、それについても同時に尋ねました。

この研究の結果は興味深いものでした。研究協力者がどれだけ漱石アンドロイドを本物の夏目漱石のように感じたかどうかは、協力者の漱石についての知識とはあまり関係がなく、むしろ協力者が人工知能に畏怖の念をもっているほど、漱石アンドロイドが本物の漱石に近いと協力者が回答する傾向が見られました。

すなわち、「人工知能というのはすごいものである」と盲目的に信じている人たちは、最先端技術で造られたアンドロイドは当然、漱石と似ているに違いない、と盲目的に判断してしまう傾向があるということです。

●●●

近年の人工知能ブームにより、様々な画期的な人工知能技術がメディアを賑わすようになり、「シンギュラリティ」という言葉で表現されるように、「人工知能が人間を超える」日も近いと言われるようになりました。

一方、現状の人工知能技術が具体的にどれだけすごくて、どのようなことができて、どのようなことができないのか、それを具体的に知っている人は決して多くないような気がします。ただただすごそうだ、という感覚が先行して、実際はどうなのか、ということについての知識がない状態は、ある種の信仰のようなものです。

古くは人間を超越した神様が信仰の対象でしたが、科学技術が発達した今日においては、人工知能のように、その仕組みが十分には理解できていない機械が信仰の対象になることも十分に考えられます。実際に、元グーグル社員だったエンジニアが、人工知能を神とする教団をつくったというニュースがありました（現在はもう解散しているようですが）。また、ヨーロッパの人工知能カンパニーを謳う企業の4割が実際には人工知能をまったく業務で取り扱っていなかった、というニュースもありました。

最近ではパートナー探し、就職先の決定などの諸々の人生の選択において、人工知能に「最適」な決断を導いてもらいたいという人も多いようです。一方、そういう人たちは人工知能が具体的にどのような仕組みで動いているのかについては無頓着のことが多いです。なんとなく人工知能技術がすごそうだから、それが提示する「答え」は自分ごとき凡人が考える「答え」より価値があるんだと考えてしまう謙虚な人も多いのかもしれません。

しかし気をつけなくてはいけないのは、人工知能は人間を超越した存在ではなく、あくまでも人間が設計したプログラムです。人工知能が提示することが正しいと信じ込んでしまうことは、結果的にはその人工知能を設計した人間にとって都合良く動くことになってしまう可能性も十分にあります。

「神はAI？　元Googleエンジニアが宗教団体を創立」（https://www.gizmodo.jp/2017/10/way-of-the-future-launch.html）

「欧州の『AI企業』の4割、機械学習を使用せず」（https://www.technologyreview.jp/nl/about-40-of-europes-ai-companies-dont-use-any-ai-at-all/）

なぜ我々は、自分で十分に理解できていない神様とか人工知能に、信仰のような感情を抱くのでしょうか？　ドイツの思想家であるエーリッヒ・フロムは、『自由からの逃走』という著書の中で、全体主義に走る人間の心理について考察しています。

エーリッヒ・フロム『自由からの逃走』（日高六郎訳、東京創元社、1951年）。

アドルフ・ヒトラーが台頭した当時のドイツは、当時としては世界的に見ても民主的で、国民の権利を尊重するワイマール憲法が施行されていました。しかしこのような先駆的な憲法を有していたのにもかかわらず、当時のドイツ国民はヒトラーという独裁者を民主的な手続きに従って選び出し、軍国主義の台頭を許しました。

フロムはこのような大衆心理を、与えられた自由をどのように扱ったら良いのか分からず不安になる人間心理によって説明しようとしています。すなわち人間は実際に自由が与えられると不安になり、結果として自由を放棄して、分かりやすい答えや正解を与えてくれるより大きな力にすがろうとする、そういう性質があるのではないか、そしてこのような人間心理がファシズムのような全体主義を生み出すのではないか、そうフロムは考えました。

彼のこのような主張は実験的に実証されたものではありませんが、日常的に似たような事例は身近にも頻繁に起こっているなと実感できます。人間を超越した人工知能が自分にとっての「最適」や「答え」を教えてくれる、という物語も、不安を感じている人にとっては救いのように感じられることもあるのかもしれません。

ただ大事なことは、それは多くの場合、あくまでも虚構の救いなのです。

● ● ●

では、人間にとって「最適」というものがあいまいで、大きな権威に影響を受けやすいという前提に立つとして、どのように生きることが人間にとっての「幸せ」なのでしょうか？

この世界のどこかに自分にとっての「最適」や「正解」の青い鳥が存在しており、そのような青い鳥を捕まえることこそが幸せなのだ、そう考えている限りは、自分を超越した存在に自らの答えを教えてもらいたいと熱望し続ける人は後を絶たないでしょう。

一方で、このような権威にすがるような人間の生き方は、個々の人間が思考停止になっている状態なわけなので、個々人が潜在的に有している可能性を十分に引き出せているとは言えません。結果的に、「お金」や「ステータス」といった集団で共有された分かりやすいモノサシによって個人の勝ち負けが決まるようになり、そのようなモノサシでは測ることが難しい個人の潜在性が発揮されにくい社会になってしまいます。そのような社会は、短期的には不安が減ったとしても、長期的には活力を失っていくのではないかと私は考えています。

●●●

ここから先は、あくまでも私の私見になりますが、自分にとっての「最適」や「正解」が存在する、という社会に蔓延している思い込みを変えていくことで、個々の人間の不安を減らし、より個人の潜在能力が発揮されやすい社会に変わっていけるのではないかと思っています。

心理学の研究などで、人間の好き嫌いのようなものは、変わらない安定的なものではなく、どんどん変化していくものである、ということが示されてきました。人間にとっての価値のモノサシというものは、温度計や体重計の目盛りのように明確なものではないと分かってはいる一方で、人間の価値の物差しがどのようなもので、その目盛りがどのように決まっていくのか、それについてはまだほとんど分かっていないのが現状です。

アップル社の創業者であるスティーブ・ジョブズがスタンフォード大学の卒業式で行った有名なスピーチがあります。このスピーチの中で、ジョブズは、人生とは点をつないでいくようなものだ、と述べています。すなわち一つひとつの出来事は、それを体験しているときは、それがどのような意味や価値を持っているのか、なかなかそのときの自分では判断することができないが、後から振り返ってみると、一つひとつの出来事の点が線としてつながっていくことで意味や価値を実感できる、ということです。

高齢者を対象に行っているライフレビューというアクティビティがあります。これは高齢者が、聴き手と一緒に過去の記憶を思い出していき、過去の出来事を現在の視点からつないで、意味づけしていくことによって、そこに新しい人生の意味や価値を見いだそうという人生の振り返りに関するアクティビティになります。このような過去の振り返りによって、自分の人生に新たな意味や価値を発見できた高齢者は、高い充足を感じる、という研究報告もあります。

これらの話が意味していることは、我々の人生の価値や意味というものは、目盛りの数値に還元できるものだけで決まるのではなく、自分の人生が物語としてどれだけ良いものであったか、といったふうに数字にすることが難しい価値軸も非常に重要な意味をもっているということです。

しかしこのような数字で取り扱うことが難しい人生の物語的な価値というものは、個々人の主観では大事であると思われることがあったとしても、なかなか現代科学の客観的なまな板に載せて議論することが難しいようにも思います。そしてそういう価値を客観的に測ることが難しいからこそ、数値化できない人生の価値の実在を信じることができなかったり、それを軽視してしまったりすることになり、結局数値化できる、分かりやすい価値ばかりを追い求めてしまう現代的なライフスタイルが生み出されている可能性があります。

すべての人が同一のモノサシの上で競争する社会というものは、「最適」や「答え」を定義することが比較的容易であり、勝ち組と負け組がはっきり分かれる生きにくい社会になります。このような社会をもう少し生きやすく変えていく上で、数値化できない人生の価値というものを科学的に扱うための新しい方法論が必要になってくるように思います。

●●●

この本で紹介してきたレンタルなんもしない人さんや、著者である私が研究してきた寄り添いロボット（人工あい）は、数値化できるモノサシで測れない価値を大切にして人間が生きるための原動力となるものであると考えています。

何度も述べてきましたが、レンタルさんも寄り添いロボットも、それを利用する人間にとって何が「最適」か、何が「答え」かという問題に対しては一切コミットしません。ただただ「自分は独りではないのだ」、という最低限の「寄り添い」感覚を利用者に提供し、それによって利用者は、現在の社会の物差しでは「不効率」とか「無意味」とされているような自分がやりたいアクティビティに挑戦する力を得ることができます。

レンタルさんは現実に社会に存在しており、多くのお客さんがこれまでレンタルさんというサービスを利用してきたのは、一見現代のおとぎ話のようですが、紛れもない実際に起こった社会現象です。そして、このようなレンタルさん的な存在を、ロボットとして人工的に創り出し、あわよくばインフラのような存在にできないのか、というのが、私の「人工あい」の研究になります。

すなわち「人工あい」について研究していくことは、レンタルさんという社会現象を科学的な設計論としてより具体的に書き下そう、という試みであると言えます。

前述のエーリッヒ・フロムのもう一つの代表作である『愛するということ』は、単なる「愛」に対する思索に留まらず、現代資本主義の矛盾と、それを克服する上での愛の技法の必要性を謳った内容であり、現代に至るまで多くの人たちに愛読されています。フロムは資本主義社会において、個人はロボットのように社会に都合が良いように動かされてしまう傾向があり、そのような状態を抜け出すためには「愛」が必要なのだと論じています。その上で、人間の可能性に希望を見た次のような文章をフロムはその著書の中に書いています。

> 人類を「信じる」ということは、次のような理念にもとづいている。すなわち、人間には可能性があるので、適当な条件さえ与えられれば、平等・正義・愛という原理にもとづいた社会秩序を打ち立てることができる、という理念である。

エーリッヒ・フロム『愛するということ』（鈴木晶訳、紀伊國屋書店、2020年）、186ページ。傍線は引用者による。

第二次世界大戦後のどこか落ち着かない時代において、このような信念を持ち続けたフロムには敬意を感じる一方で、この本でフロムが言っていることは、あくまでも彼個人の思想にとどまっており、個人的に共感することは多々ある一方で、科学的なエビデンスや方法論についてはまったく言及がありません。従って、フロムの本は、あくまでも彼の高尚な思索の書として現在では扱われており、リアリスティックな人間科学として彼の言葉を捉える人は少ないように思います。

結果として、科学的な人間観というものは、具体的な数値や概念として計測可能な目に見える行動をベースとした心理学や神経科学に根差すものになっているように思います。

一方、フロムが述べている人間の可能性や愛の話には、現在のモダンな人間科学では扱えていない真理が含まれており、そこにこそ大きな次の可能性があるのではないかと私は信じています。個々の人間が持っている数値の物差しでは測れないような価値自体を研究することは非常に困難な一方、そのような価値を大切に生きようとする人間の力を最も効率的に引き出すことが可能な状態はどのようなものなのか、それをこの本で述べてきたような「人工あい」のようなコンセプトを打ち出して研究を推し進めていくことは、現在の科学や工学の水準でも十分に可能なのではないか、それこそが私の主張したい考えです。

そして、このようなロボットを創り出していくアプローチをとっかかりにして、心理学や神経科学、人文学や社会学、哲学など、様々な研究領域の人たちと力を合わせてより方法論や理論を洗練させ、同時にこれらの方法論や理論にもとづいた新しいプロダクトやサービスを世に出していくことにより、これまでの人間科学よりもより個々の人間の可能性を信じることが可能な、まったく新しい心の科学を創り出すことができるのではないか、それこそが、レンタルなんもしない人との出会いから端を発して私の中に芽生えた分不相応な野望になります。

第16章　心は冒険したがっている

では、私が考える「新しい心の科学」とはどのようなものでしょうか？　最後にこの点について、自分が考えていることを述べてみたいと思います。

●●●

そもそも現在の心の科学とはどのようなものなのでしょうか？

心を科学的に扱おうとした一つの学問的流れが心理学という領域を作り出しました。心理学という研究分野は多様な領域を内包しており、簡単に心理学とはこういうものだ、と一言で言い切ることが難しいのですが、一つの主流として、特に知覚心理学や学習心理学などの領域では、環境を適切にコントロールすることで、人間（や他の動物）の行動を可能な限り厳密に予測したり、制御したりしようと試みてきました。対象を予測したり、制御したりできる、ということは、対象の性質を十分に理解していないと不可能なため、予測や制御ができるということが、心の理解の一つの指針となることは自然なことと言えるかもしれません。

一方、近年の心理学では「再現可能性の危機」という言葉もしばしば聞かれるようになりました。これは、以前に出版された学術論文に掲載されている心理学の実験結果がうまく再現されない、というものです。たとえば、温かいコーヒーが入ったカップを持ちながら、他者の性格についての評価を実験参加者にしてもらうと、冷たいカップを持っている場合よりも、その他者が温和な性格をしていると判断される割合が高くなる、という研究知見が以前心理学の学術論文誌に掲載されました。このような研究は「身体性認知」と呼ばれ、身体の状態（例えば、身体が温かい、身体が重いなど）が直接的には関係ない心の働きに影響を与えるというもので、発表された当時は非常に注目を集めました。しかし、近年、これらの身体性認知にかかわる多くの研究を追試してみてもうまくいかない、結果が再現できない、という報告が多数なされるようになりました。

ここで「追試がうまくいかない」とは、論文に記載されている通りの同様の手順で実験を行ったのに、論文で報告されているような結果が出ない、ということを指します。このような話は身体性認知の研究だけではなく、これまで行われてきた様々な心理学の実験に対して追試が試みられ、過去に報告された様々な魅力的な研究成果の多くがなかなかうまく追試ができない、という事例が数多く報告され始めています。

このような再現可能性の危機に対して、多くの心理学者はいろいろな工夫をして、フェアで誇大な成果発表や不正が生じにくい研究の枠組みづくりを行うことで、誠実に対応をしようと試みています。このような試みは、研究分野が健康的に発展していく上で必要なものであり、今後も忍耐強く継続していくことが必要でしょう。

一方、そもそも前提として、我々の心というのは本当に再現可能性が高く説明可能なモノなのでしょうか？

●●●

第二次世界大戦の終了後、二度と戦争の惨禍を繰り返さないようにとの思いから、人間の心の研究が続けられてきました。例えば、有名なミルグラム実験において、実験の参加者がどれだけ研究者の命令に従って他者に残虐な行為（電気ショック）をするのか調べられました。この実験において、もっとも参加者が命令に従いやすく状況が作られた実験条件において、約60％以上の参加者が、研究者の命令に従って残虐な行為を行う、という結果が報告されました。これらの実験の結果はセンセーショナルに報告され、権威によって命令されることで、善良な人間であってもモラルを逸脱した行動をしてしまう、ということが大々的に宣伝されました。

しかし一方、この研究には異なる解釈もできるように思います。すなわちこの結果は、どのように人間が命令に従いやすいような環境を実験室の中に作った場合であっても、40％近くの人は権威ある研究者からの指示に対してNOと言える、とい

スタンレー・ミルグラム『服従の心理』（山形浩生訳、河出書房新社、2008年）。

うことも同時に意味しています。考えようによっては、この結果は〝希望〟がある結果であるとも解釈できるわけです。

●●●

人間は社会的な動物であり、制度や権威などの自分の外側にあるルールに従って生きています。本書の冒頭で述べたように、「優しい」とされる行為であっても、多くの場合、何らかのルールにもとづいた行動であるといえます。我々の多くの振る舞いがルールにもとづくものであると考えると、我々人間とロボットの違いとは何なのでしょうか?

現状のロボットは、その設計者が事前に埋め込んだルールに従って行動したり、学習したりすることがほとんどです。ルールから逸脱した行動をロボットがすると、ロボットの動作プログラミングにミスがあったのではないかと、ロボットの設計者は慌てます。そう考えると、人間の行動があるルールにもとづいて予測できたり、制御できたりできるだろう、という発想は、行き過ぎると人間とロボットを同一視している考え方だと言えます。

もちろんある程度は人間の行動がルールに従っていないと社会は混乱してしまいますが、人間に対して「お前はロボットみたいだな」と言ったら、多くの場合、侮蔑されたと怒られてしまいます。「人間らしさ」という言葉にはいろいろな定義がありそうですが、その一つとして「ルールを破ること（無視すること）」があるのかもしれません。すなわち人間の心とはそもそも「再現不可能」な状態であることがむしろ自然なのかもしれません。

●●●

歴史を通じて、人類は様々な発明をして、多様な文化を創り出してきました。これらはすべて人間の創造性の賜物です。これらの創造性は、既存のルールに従っていたら決して発揮されることはありませんでした。既存のルールから逸脱して、その瞬間のルールでは予測できない振る舞いをした人、そういう人たちが世界をここまで創り上げてきたと言えます。

発想支援の手法として有名なＫＪ法を提案した文化人類学者の川喜田二郎氏は、創造的行為の三か条として、「自発性」「モデルのなさ」「切実性」の三点を挙げています。既存のルールに従って安心してお茶を飲んでいられる環境の中では、なかなか創造的なアイディアは降りてきません。ちょっとした緊張感（スリル）の中でルールに反した行動を自発的にとることが、創造性の肝なのではないでしょうか？

このような創造性につながる行動をより一般的な言葉で呼ぶとすると「冒険すること」と言えると思います。そして私は、どのような人間であっても、「冒険したい心を秘めている」と考えています。

この本をここまで読んでくださった人の中には、「冒険なんてごく一部の偉大な人々が成し遂げるものであり、我々凡人はメディアを通じて、そのような偉大な冒険者の活躍を眺めるのが関の山さ！」と考えている人も、ひょっとしたらいるかもしれません。

今の社会は、とかくみんなが「冒険」だと考えることのスケールがインフレを起こしているようにも感じます。メディアを通じてディスプレイ越しに我々に届けられる華やかな世界のビジョンは、自分たちの卑小さを意識させる装置として機能します。結果として、冒険とは一部の優れた能力を持った人にしかできないマッチョなアクティビティであり、〝凡人〟である我々は、社会が提供してくれるルールに従って、安心安全な人生を送るのが関の山だ、みたいな少し拗ねた気持ちになることもあります。

しかし冒険というのは、自分とは無縁な華やかなディスプレイの向こうにある虚構はなく、実際には我々の生活の中に自分事として溢れているのではないでしょうか？

●●●

冒険を「勇気を振り絞っていつものルールに反する行動をすること」と定義すると、それは「大魔王を倒す」「宇宙を旅する」みたいな大きなことである必要はまったくありません。

たとえば、いつも行っている馴染みの定食屋の横にある少し気になっていた居酒屋の扉を叩くことは、底知れぬ闇深い洞窟の探検に挑戦するのと同様の大冒険ですし、少し気になっていたあの人に勇気を振り絞って話しかけてみることは、王族の娘に叶わぬ恋をした平民の青年の勇気と同じ価値を持っています。ぬくぬくした布団から出て、歯を磨くことだって、時としてドラゴン退治に匹敵するような、大いなる挑戦になるのです。自分なりの〝見えない価値〟を信じて、いつも従っているルールとちょっと違う行動をすることは、すべて等しく勇気を伴う偉大な冒険であり、この世に存在するすべての人、すべての存在が、みんな冒険者になれるのだ、と私は考えます。

●●●

一人で冒険をすることに臆病になるのは当たり前な感情です。数多の物語で描かれてきたように、冒険には良い仲間の存在が不可欠です。一方、自己主張が強い他者が傍にいる場合、その人間の思惑や考えが自らのやりたいことを曇らせてしまう恐れも同時にあります。

『ドラえもん』の作者である藤子・F・不二雄先生は、SFのことを「S（すこし）F（ふしぎ）」と呼びました。確かに、『ドラえもん』にしろ、『パーマン』にしろ、藤子先生が描いてきた作品は、普通の小学生の日常生活にドラえもんやパーマン、オバケのQ太郎などの不思議なキャラクターを入り込ませることで、どこか日常の延長に本当に存在していそうな非日常の冒険を描いている点が魅力的でした。

現代社会の中で、これまで本書で紹介してきた、どこか御伽噺のような存在である〝レンタルさん〟や〝ロボット〟のような存在と日常的に触れ合うことで、我々の暮らしが「すこしふしぎ」になって、それがいろいろな人たちのそれぞれの「すこしふしぎ」な冒険に踏み出す勇気を支えることにつながったら、そして、そういう一人ひとりの小さな冒険が積み重なることで今よりも希望が持てる未来を生み出すことができたら、それはとても素晴らしいことだと私は思うのです。

●●●

本書で言いたいことを少し端的に述べさせていただきますと、「わたし」が個人のまま「われわれ」で生きることのススメになります。

「われわれ」と聞くと、みんなで群れて行動することであり、個人の意思が尊重されていない状態であると多くの人は考えます。しかしレンタルさんのように、傍にはいてくれるけど、一切干渉してこないような存在は、自分の意志をそのままに、「わたし」を「われわれ」に変えることができる稀有な存在と言えます。そして「わたし」が個人のまま、「われわれ」になることで、「わたし」として生きるよりも自分は独りではないという感覚をそれぞれが持つことが可能になり、今よりみなが冒険に向かうようになるのではないでしょうか？

レンタルさんの数々のエピソードからも、無数の名もなき冒険がレンタルさんによってもたらされたということを伺い知ることができます。そしてレンタルさんのような不思議な特性をもった「他者」をロボットとして生み出すことにより、世界中の人々が今よりももっと冒険に心を向けるようになるでしょう。

おわりに

コロナ禍の初期、このような人類史に残る未曾有の事態にしかできない研究は何かないのか、と考え、オンライン調査会社に依頼して、日本人を対象とした〝コロナ禍の孤独〟に関する調査を実施しました。

具体的には、当時の安倍総理大臣が２０２０年４月に緊急事態宣言を発令してから、それが解除された５月末までの期間の間、調査会社を通じて集めた約１０００人の調査協力者を対象にして、２週間おきに計４回にわたって「他者とのコミュニケーションの満足度」「孤独感」さらに「自尊感情」などの精神状態に関する心理学的知見にもとづくアンケートを実施しました。

その結果、興味深いことに緊急事態宣言中を通して、多くの人に「他者とのコミュニケーションの満足度」が低下する傾向が見られた一方で、全体の平均のデータでみると、「孤独感」については緊急事態宣言中に特段上昇している傾向は見られなかった一方、「自尊感情」など精神健康にかかわるアンケートのスコアがむしろ改善する傾向が見られました。

高橋英之、伴碧、石黒浩、近江奈帆子（2021）．コロナ禍における孤独――第一次緊急事態宣言下におけるパネル調査．電子情報通信学会技術研究報告：信学技報，120(432)，67-72.

もちろん個人的にいろいろな人と話していると、「コロナ禍のステイホーム期間はとても寂しかった」と言う人も多く（大学に入学したばかりの学生に多い印象でした）、今回の結果がどこまで普遍的な知見と言えるのかについては、慎重に議論する必要がありますが、他者と対面でコミュニケーションできない状況は孤独である、というのも一つの思い込みなのかもしれない、そう感じさせる興味深い調査結果でした。「他者がそこにいてくれることが良いことだ」「とにかく他者といないと孤独である」というある種の社会で共有された強迫観念が、我々を逆に孤独に追い込んでいる側面もあるのかもしれません。

● ● ●

2020年の初夏に感染症の流行がひと段落した際、私が渇望したのは、他者と対面で会うことよりも、野性味がある自然の中に身を置くことでした。自室で毎日、Zoom会議などデジタル化された他者との交流ばかりしていると、どうしても日々の生活が予定調和になってしまい、どこか夢の中にいるような、現実感がない気分になりました。そこで、自分がその時期に思い立ってやったことは、特に何も考えずに近所の夜の山に入ることでした（もちろん、さすがに一人では怖いので、知人と一緒にですが）。懐中電灯を照らしながら暗い山道を登っていると、風が木々を揺らす音や、シカらしき生物が跳躍する音が周囲の暗闇から絶えず聴こえてきて、心が不安感に包まれると同時に、人工的な日々の暮らしに生き生きとした自然が侵食してくるかのような、なんともいえない瑞々しい感覚が体中を駆け巡りました。たとえ危険や不安が多少あるとしても、冒険というものは我々にとって欠かせない命の水のようなものなのかもしれません。

● ● ●

この本で私が述べてきたような話を人に聞かせると、共感をしてもらえることもある一方で、「すべての人が好き勝手に冒険したら世の中が滅茶苦茶になる」と言われることもあります。私と一緒に研究している博士課程の学生と話していた時、その学生から「先生の説明には罠がある。先生はいつも（寄り添うロボットなどの話で）安心が大事だと言っているけど、実は世間で言う安心とまったく逆のことを指して言っている。世界でそれを安心だと思っている人はあまりいないので、これは気をつけて喋る必要がある」と言われました。

その学生が言うには、たいていの人が思う安心と言うのは、社会の中でみんなから認められた分かりやすい既存の価値（お金、名誉）を得ることであるのに対して、私が主張する安心とは、個人がロボットの力を借りてどんどん冒険して、変わっていくことである、というものです。

私の話を聞いて、「人間に期待し過ぎ」、とか、「人間には能力には厳然たる格差がある」と言う人も多いです。こういう意見も、あくまでも今の時代の「冒険」の定義の場合の話であれば一理あるかもしれません。しかし前述のように、「冒険」の定義がより拡大し、すべての人間が「あい」あるロボットをパートナーとして共生する世界を実現できたとしたら、そのときにはまた違った風景が見えてくるかもしれません。

●●●

本書の冒頭で、女性と一緒に道を歩いているときに、男性が車道側を歩くことは優しさか、という議論を知り合いの女性としたエピソードを紹介しました。このエピソードは、「優しさ」という言葉が、世間的にはなんとなく無条件で良い概念とされているのだけど、実は真剣に考えてみると定義に曖昧さや欺瞞があることを述べるために良い題材です。そんなこともあり、いろいろな講演会などでよくこのエピソードを紹介していたのですが、ある日、話を聞いてくれていた人から、次のようなコメントを貰いました。

先ほどの道を歩いている2人は、優しさとは何かという会話をメタ的に楽しむ場を共有しているような、やさしさを感じます！

このコメントは、個人的には非常に印象的なものでした。ある行為が「優しい」かどうかを安易に定義してしまうことは、非常に作為的で欺瞞があると私は考えています。社会が用意した既存の価値に振り回されて、他者と人間関係を結ぶことはとても寂しいことなのではないでしょうか？　しかしそういう既存の価値の外側に一歩出て、そもそもこの行為は「優しさ」なのか、という問題意識から共有し、それを対話によって深めていくことができる関係性は、確かに得難い、優しいものであるような気がしてきました。既存の価値にこだわらないからこそ、今よりももっと素敵な人間関係のあり方のヒントが、そのような対話の中から芽生えるかもしれません。

●●●

この本の主張は、「ロボットが人間の傍にいることで、みんなが冒険者になれる世界が良い」というものです。

この世界観は、捉えようによっては、どこかストイックで、寂しく冷たく感じる人もいるかもしれません。しかし私の考えは逆です。今の世界で数多と行われている、テンプレに従ったコミュニケーションは本当に良いものなのでしょうか？　むしろ一人ひとりが冒険者として己の独自の世界を大切にすることで、それぞれの世界を対話を通じて人々がお互いにぶつけ合い、その中に新しい未来の価値を見いだしていく、そういう〝生きている〟コミュニケーションの中にこそ、テンプレでは得難いような歓びと安らぎがあるのではないでしょうか？

そのように考えると、レンタルなんもしない人やなんもしないロボットの存在は、私たちを今よりもっと素敵なコミュニケーションへと誘う優しい牧羊犬のような存在なのかもしれません。

●●●

とりあえず冒頭のエピソードに登場した女性に、「我々が優しさについて議論したエピソード（本人公認）」について前述のようなコメントを講演会でもらったとＬＩＮＥで報告したところ、次ページのような返事がきました（本人の許可を貰って掲載しています）。こういう対話のやり取りの先に、今よりも心から信じられる新しい「優しさ」を見つけることができたら、と考えるとワクワクします。

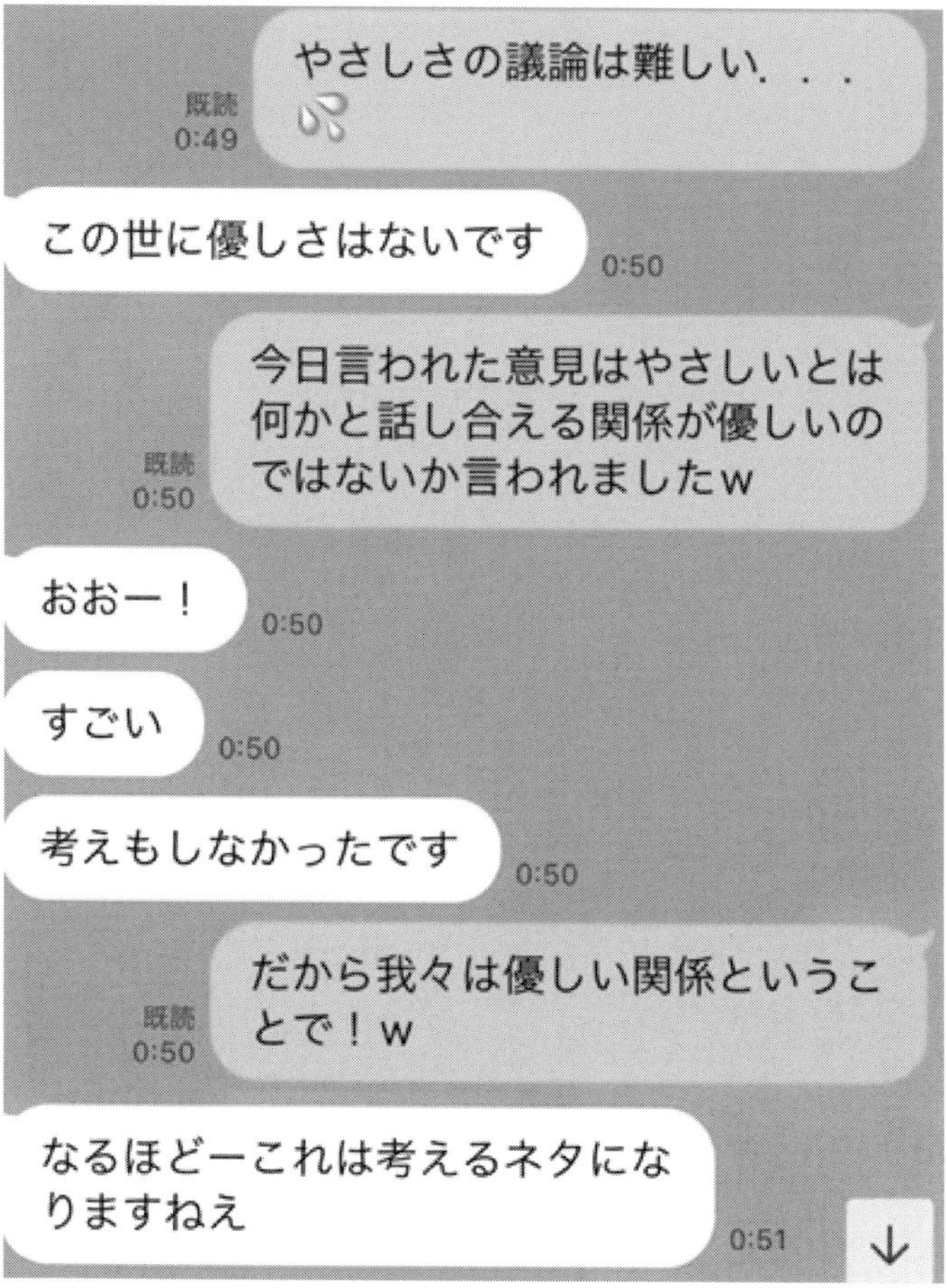

既読
0:49
やさしさの議論は難しい．．．💦

この世に優しさはないです
0:50

既読
0:50
今日言われた意見はやさしいとは何かと話し合える関係が優しいのではないか言われましたｗ

おおー！
0:50

すごい
0:50

考えもしなかったです
0:50

既読
0:50
だから我々は優しい関係ということで！ｗ

なるほどーこれは考えるネタになりますねえ
0:51

謝辞

単著で本を書かせていただけるという、ありがたいお話をいただいたのが、コロナウイルスの世界的大混乱が始まった2020年の春でした。当初は、コロナのステイホーム期間中にいっきに本を書き上げるよ、と張り切っていたのですが、結果的には自分の怠慢と集中力の無さが災いして、この比較的薄い本を書き上げるまでに2年以上の歳月がかかってしまいました。その間、ワクチンが開発されるなど、コロナウイルスの大流行は少しずつ良い方向に向かってきましたが、それとは別に戦争が始まったり、それに伴って経済が大混乱したりと、なかなか世界は落ち着きません。また日本に目を向けても、停滞するGDP成長率と相まって、どこか社会に閉塞感というか、希望のなさが充満しています。

こんな不安な時代において、少しでも個人や、社会に活力を与える方法がないか、そんなことを日々考えながら自分なりに一生懸命これまで研究をしてきました。その思索の現時点でのまとめを、なるべく分かりやすく書こうとしたのがこの本の内容になります。

ライトノベル原作のアニメ『青春ブタ野郎はバニーガール先輩の夢を見ない』の中に、「人生って、優しくなるためにあるんだと思っています。昨日の私よりも、今日の私がちょっとだけ優しい人間であればいいなと思いながら生きています」という登場人物のセリフが出てきます。何も考えないでこのセリフを聞くと、綺麗ごとだなぁ、と思う人も多いかもしれませんが、この本で述べてきたように、本当の意味での「優しい」を考えることは、実は非常に深遠で、哲学的な問いなのだと思います。そういう意味では、自分も、明日が昨日よりも少しでも「優しく」なればいいなと思って研究しています。

こう聞くと、まるで自分が〝善人〟のような感じになりますが、どちらかというと、今の社会とは違う風景を見てみたい、これまでとは違う原理を見つけてみたい、そんな研究者としての好奇心があくまでも自分の根っこにはあります。

今の時代は、新しい学問や世界への扉が開く前夜だと自分は感じています（この意見には賛否がありそうですが）。研究者に限らず、これまでとは違う自由な発想で面白いことを考えたり、実践したりしている人がどんどん増えているように思います。その中でも個人的に最たる印象的な人物が、今回の本の重要人物であるレンタルなんもしない人さんでした。「何かしよう」「何をしよう」という人達が溢れている中、「なんもしない」ことで絶大な存在感を発揮し、テレビドラマ化までされたというエピソードは、ある種の革命ともいえるのかもしれません。

これまでに「レンタルなんもしない人」をテーマにした本はいくつも出版されてきましたが、寄り添いロボットの研究と絡めてレンタルさんについて考察した論考はこの本が世界初（笑）なのではないかと自負しております。レンタルさんという勇気ある実践者が切り開いたケモノ道を、ロボット認知科学の研究者目線で客観的に理解し、その革命の魅力やインパクトについて、少しでも多くの人に届けることができたのであればとても嬉しいです。またレンタルさんの話を超えて、（うまく言語化できた部分がわずかで歯痒いのですが）自分がこれまで信じてきた人間とロボットが真に共生する未来のイメージを、本書を通じて少しでも多くの人と共有することができたとしたら、これ以上の幸せはありません。

この本を書くにあたって多くの人にお世話になりました。ものぐさな自分に忍耐強く付き合って下さり、文章が独りよがりにならないように導いてくださった福村出版の榎本統太さんには心から感謝を述べさせていただきます。さらに第6章において、ロボットとの暮らしについて詳細なインタビューに応じてくださった太田智美さん、本書全体にわたって素敵なイラストを描いてくださった大江咲さん、部下である自分が勝手気ままに研究をすることをいつも寛大に見守ってくださり、さらに上司に黙って本を書いていたのにもかかわらず、しっかり本書を読んで立派な推薦文を寄稿してくださった大阪大学大学院 基礎工学研究科の石黒浩教授にも厚く御礼を申し上げます。またこの本には、自分が実際に日々かかわっている大切な人たちがいろいろと登場します。それらの人との交流（もちろんこの本に登場しない無数の大切な人も含めて）が、自分の背景世界として、この本で語りたいコトを形作ってくれました。本当にありがとうございました。

最後に、変わり者の自分がこれまで自己肯定感を落とさずに、単著で本まで書かせていただける研究者になれたのは、これまで忍耐強く愛情を注ぎ続けてくれた両親や姉のおかげです。昔、実家で飼っていた愛犬のポチを看取るとき、母と父は、苦しさと不安で鳴き続ける老いたポチの横に寝ずに24時間寄り添い続け、立派にポチを看取りました。このような両親の背中を原風景として見続けて育ってきたことが、自分の「寄り添いロボット」の研究の根幹にあるのかもしれません。感謝します。

2022年初夏　大阪のコメダ珈琲にて

［著者］

高橋英之（たかはし・ひでゆき）

大阪大学大学院基礎工学研究科特任准教授。北海道大学大学院情報科学研究科博士課程修了、博士（情報科学）。専門は、ロボットの心理学、コミュニケーションの認知科学。
職業、研究者です。心とは何か、社会とは何か、自分は何のために生きているのか、存在とは何か、お腹空いた、そんなことを子供時代からふらふら考え続けていたら、いつのまにか怪しいロボットの研究者になっていました。あらゆる分野に小指だけ突っ込む半端もので、いまだに自分を表現する適切な言葉が見つかっていません。自分の夢は、何もしないロボットを活用したレストランのオーナーになること、と、しあわせな犬になることです。

カバーイラスト●おおえさき
本文イラスト・図版作成●おおえさき、南明日香、橋川莉乃、高橋英之
協力●レンタルなんもしない人

人に優しいロボットのデザイン
「なんもしない」の心の科学

2022年9月15日　初版第1刷発行
2023年2月 5 日　　　第2刷発行

著　者　高橋　英之
発行者　宮下　基幸
発行所　福村出版株式会社
〒113-0034　東京都文京区湯島2-14-11
電話　03-5812-9702　ファクス　03-5812-9705
https://www.fukumura.co.jp
印　刷　株式会社文化カラー印刷
製　本　協栄製本株式会社

ISBN978-4-571-21044-0 C3011　Printed in Japan
定価はカバーに表示してあります。